◆幼儿园教师必备丛书·第三辑

# 幼儿心理健康与教师心理健康

张洪梅◎编著

上海科学普及出版社

图书在版编目（CIP）数据

幼儿心理健康与教师心理健康 / 张洪梅编著. -- 上海 ：上海科学普及出版社，2018.9（2023.12重印）
（幼儿园教师必备丛书. 第三辑）
ISBN 978-7-5427-6886-5

Ⅰ. ①幼… Ⅱ. ①张… Ⅲ. ①学前儿童－心理健康－健康教育②幼教人员－心理健康－健康教育 Ⅳ. ①B844.12②G443

中国版本图书馆CIP数据核字(2017)第094106号

**责任编辑　李　蕾**

幼儿园教师必备丛书·第三辑

**幼儿心理健康与教师心理健康**

张洪梅　编著

---

上海科学普及出版社出版发行
（上海中山北路832号　邮政编码200070）
http://www.pspsh.com

---

各地新华书店经销　山东博雅彩印有限公司印刷
开本787 × 1092　1/16　印张100　字数800 000
2018年9月第1版　2023年12月第3次印刷

---

ISBN 978-7-5427-6886-5　定价：298.00元（全10册）

# 前言

孩子是祖国的未来，是新生的太阳，是有无限可能的下一代，是一家人最大的梦想，更是一个民族的希望。他们的健康成长是整个社会关注的事情。一直以来，我们很注重幼儿的身体健康，却忽略了其心理健康。心理学家荣格说过，比自然灾害更危险的是人类心理疾病的蔓延。而弗洛伊德更是指出，5岁以前是心理问题的萌芽期。因此开展幼儿心理健康教育很有必要性。

纵观我们当前的幼儿教育，更多是关于知识和基本技能的传授，在心理方面很少涉及，同时也没有一套行之有效、可供参考的教材和教育体系，幼儿心理健康的教育没有得到应有的重视。与之相反的是，幼儿心理健康的问题，却日益严重，严重困扰着老师和家长。因此，作为幼儿人生的第一位老师，每一名幼教工作者具有义不容辞的责任，给幼儿上好人生的第一堂心理健康课。

作为教学主体的老师，教学的前提是其自身的健康，一个精神不健全、心理病态的老师是不可能教育出具有健全人格的学生的。因此，幼儿教师自身的心理健康，是培养幼儿健康心理的重要前提和保证。作为一名合格的幼教从业者，在提高教学能力的同时，也应该注重自身心理素质的提高，同时还应该了解幼儿心理发展特点，引导幼儿身心健康的成长，无愧于“辛勤的园丁”称号。

# 目 录

第一章 幼儿心理健康概述

第一节 幼儿心理健康含义 …… 3
第二节 幼儿常见心理问题类型及表现 …… 7
第三节 特殊家庭幼儿心理问题 …… 10
第四节 幼儿心理健康的影响因素 …… 14

第二章 幼儿心理健康教育概况

第一节 幼儿心理健康教育的现状 …… 21
第二节 幼儿心理健康教育的目标、内容和原则 …… 25
第三节 实施幼儿心理健康教育的途径 …… 32

第三章 幼儿教师心理健康及其对幼儿的影响

第一节 幼儿教师心理健康的问题及其成因 …… 40

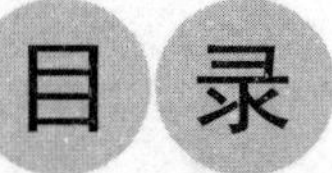

# 目录

第二节 幼儿教师心理健康对幼儿的影响……………………47
第三节 改善幼儿教师心理健康的方法……………………51

**第四章 幼儿心理健康课程的开展**

第一节 幼儿心理健康教育课程设计的目标和方法……………59
第二节 幼儿不同学段心理状况的分析及教育模式……………68

**第五章 幼儿心理健康教育活动典型案例**

主题一 小花猫的迷惑——幼儿抗拒诱惑能力的培养…………85
主题二 小羊宝宝——幼儿自信心的培养………………………92
主题三 观察大蒜——幼儿观察能力的培养……………………98
主题四 喜欢动手的小斑马——幼儿独立性的培养……………103
主题五 不上你的当——幼儿自我保护意识的培养……………109
主题六 宝藏的秘密——幼儿记忆力的培养……………………116

# 目 录

主题七　大家一起玩——幼儿交往能力的培养................ 121

主题八　我们来做小侦探——幼儿推理能力的培养............ 128

主题九　找雨伞——幼儿分类能力的培养.................... 134

主题十　遵守规则——幼儿规则意识的培养.................. 140

主题十一　男孩女孩——幼儿性别角色意识的培养............ 147

结 语.................................................. 154

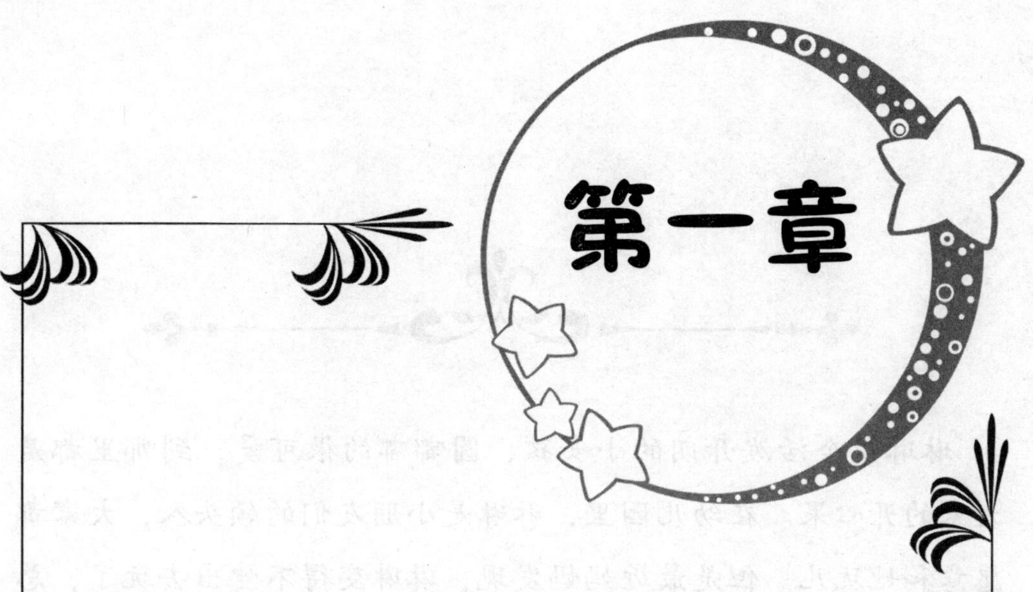

# 第一章

## 幼儿心理健康概述

琳琳是个活泼开朗的小女孩，圆嘟嘟的很可爱，到哪里都是大家的开心果。在幼儿园里，琳琳是小朋友们的领头人，大家都愿意和她玩儿。但是最近妈妈发现，琳琳变得不爱出去玩了，总是一个人呆在家里，在幼儿园也不和小朋友们一起玩，只是一个人躲在角落里。

琳琳到底怎么了？为什么会变成这样？我们又该如何帮她恢复活泼开朗的个性。作为家长，作为老师，我们总会碰到这样的问题。幼儿在成长的每一阶段，总会给我们带来难以预料的变化，如何应对这些变化，如何培养一个身心健康的孩子，是家庭、学校和社会共同关注的问题。

# 第一节 幼儿心理健康含义

认识心理健康之前，让我们先来谈一谈健康，这个我们一直关注，却未必真正知道其内涵和外延的词语。

## 一、心理健康的含义

健康是人基本的生存权利，是人最宝贵的财富，是人作为生命存在的最佳状态，有着丰富的内涵。

最早关于健康的定义是这样的：身体各个器官发育良好，功能正常，精力充沛，体质健壮，具有好的劳动效能的状态，通常用人体测量、体格检查和各种生理指标来衡量是否健康。随着社

会的发展，健康的含义也在不断延伸。“世界卫生组织”对健康的最新定义：健康不仅指一个人的身体没有疾病或者虚弱现象，而且在生理上、心理上和社会上都是完好的状态。这意味着，健康的人不但要有强壮的体魄、积极乐观的精神状态，还能积极融入所处的社会外部环境，具有良好的心理素质。

心理健康和身体健康是相辅相成的，心理健康是身体健康的精神支柱，而身体健康则是心理健康的物质基础。拥有良好的心理状态，可以使人各方面的生理功能处于最佳状态，而低迷抑郁的心情则会降低或破坏正常的生理功能，从而导致疾病。

心理健康是相对抽象的存在，它是一种积极状态，是个体由内而发的幸福感，对自己的状态和发展，对自己与其他人的关系感到满意的状态。心理健康状态与心理不健康状态不是一成不变的，是可以相互转换的。

## 二、幼儿心理健康含义及判断标准

幼儿心理健康是指幼儿具有良好的人际关系，有安全感，有积极乐观的心态，对于周围世界有积极探索的心态和求知的愿望。

拥有健康心理的幼儿应该具备这些特点：智力发育正常，注意力集中，情感丰富，开朗活泼，有好奇心，爱提问，心理发展符合实际年龄，有一定的自控能力，有良好的自我意识，能适应

集体生活，与同伴可以友好相处。

具体可以分为如下几点：

**1. 智力发育正常**

智力发展水平与其实际年龄是相称的，这是判断心理健康与否的重要指标之一。

**2. 有稳定的情绪**

不无缘无故发怒，不故意摔东西，能按时入睡，没有咬手指或含着物体入睡的习惯，能听从大人的合理要求，不过分无理取闹。心理健康的儿童，尽管也会出现悲哀、困惑、挫折、失败等不良消极情绪，但不会持续太久，他们知道如何表达和控制自己的情绪，并使之保持稳定。

**3. 有良好的人际关系**

乐于和同伴玩耍，有同情心，不随便打人骂人，能积极参与班级集体活动，愿意为集体活动贡献力量。心理健康的儿童，有良好的人际关系，尊重、理解别人，能发现他人的优点并加以学习，在集体中被他人尊重。

**4. 诚实**

不说谎，不捏造不存在的事实，不随便拿别人的东西或故意损坏别人的东西，犯错误后，勇于承认错误。

**5. 求知欲强**

爱提问，并积极寻找答案。学习或游戏时，注意力集中，记忆力正常，语言表达能力符合年龄特征。愿意做力所能及的事情，不过分依赖别人，对于别人委托的事情，能比较认真地完成。

**6. 有自尊心和自信心**

被称赞时高兴，被批评指责时羞愧，愿意做让大家高兴的事情，不故意去做引起大家不愉快的事情，不过分畏惧困难和胆怯。

**7. 能正确地认识自己**

了解自己，对自己感到满意，并不断努力完善并发挥自己的优点，克服改正自己的缺点。有梦想，对未来充满信心，在学习和生活技能方面不断进步。

**8. 热爱生活**

心理健康的儿童热爱生活，善于发现生活中的美好和乐趣，在生活中充分发挥自己的潜力，能正确对待生活中遇到的困难，并积极解决，适应环境能力强。

## 第二节 幼儿常见心理问题类型及表现

调查显示，我国儿童情绪和行为等问题的发生率明显增加，在总共3亿多的未成年人中，小学生心理障碍的患病率为21.6%～32.0%，其中约有3000万人的突出问题表现在人际关系、学习适应性和情绪稳定方面。在退学青少年中，有30%～60%是因为心理障碍等问题。儿童心理问题发生率呈逐年上升的趋势，北京大学精神卫生研究所的研究表明：1984年北京地区儿童行为问题的患病率是8.3%，1993年为10.9%，1998年全国12个城市的儿童行为问题患病率为13.4%，而在2002年北京中关村地区部分重点小学儿童行为问题患病率则达到了18.2%，其中以焦虑、抑郁等神经症增多为主。

幼儿常见心理问题及其表现可以归纳如下：

### 1. 焦虑症

焦虑症主要表现为恐惧和不安，在日常生活中，情绪总是保持紧张的状态。儿童焦虑症可以分为三种：第一种是分离性焦虑，表现为当儿童与家人、朋友或熟悉的事物、熟悉的环境分离时出现过分焦虑；第二种是社交性焦虑，表现为儿童在和陌生人接触时，会出现持续的过分萎缩，从而阻碍其与同伴正常的交往；最后一种是恐怖性焦虑，表现为儿童对周围未知事物充满害怕心理。

### 2. 儿童多动症

这是一种比较常见的儿童心理疾病，也是最为家长和老师所熟知的。它的主要特征是注意力明显不集中，能持续在同一状态下的时间短，随之产生的是学习困难和品行障碍。

### 3. 学习障碍

是指在幼儿智力正常，视觉、听觉正常，且没有原发性情绪障碍，环境和教育状况良好的情况下，出现的在阅读、书写、计算和拼写等学习技能方面遇到的障碍。学习障碍的典型特征就是阅读障碍、拼写障碍、计算障碍和动作协调障碍。

### 4. 品行障碍

主要表现为幼儿有严重的、持久的违反纪律行为。品行障碍一般多发于年龄较大的儿童，如偷窃、破坏公物、逃学和恶意攻

击行为。

**5. 儿童抑郁症**

指幼儿持续的情绪低沉、心情不愉快。表现为：食欲下降、睡眠减少、对游戏和集体活动不感兴趣，无缘无故哭泣，思维能力下降，注意力不集中，自我评价降低，记忆力减退，容易发怒，严重的还会出现自杀的念头或行为。

**6. 儿童强迫症**

它的主要表现是反复的、无理由的担忧，因此不得不通过一些行为来抵消所担忧的危险，从而求得安心。强迫症分为观念强迫和行为强迫两种。

**7. 儿童恐惧症**

这是一种儿童常见的心理问题，儿童最常见的是害怕动物、黑暗、虫子、幼儿园、学校等，学校恐惧症是其中比较常见的，有这种病症的儿童很害怕上学，非常抗拒学校，因此会想方设法地逃学。

**8. 孤独症**

这种病症的基本特征就是缺乏情感反应、语言发展有障碍，对环境产生奇特的反应，刻板的重复性动作。儿童孤独症比较少，男孩的发病率高于女孩。

## 第三节 特殊家庭幼儿心理问题

列夫·托尔斯泰说过："幸福的家庭往往是相似的，不幸的家庭却各有各的不幸。"一个幸福的家庭，首先是一个完整的家庭，有孩子，有父母，孩子既能享受到父爱，也能感受到母爱，家庭氛围是温馨和谐的。但随着经济的发展，物质的丰富，贫富差距的拉大，观念的转变，离婚率、失业率和犯罪率持续走高，因此出现了很多特殊的家庭，如单亲家庭、离婚家庭、残疾人家庭、寄养家庭、特困家庭、分居家庭等，这些特殊家庭中的孩子，不能同时拥有父母的爱，小小的心灵过早地承受了悲欢离合的滋味，在性格、情绪等方面必然受到影响，或被压制，或被扭曲，严重影响了孩子的健康成长。

## 一、特殊家庭幼儿心理特点

### 1. 消极心理

人的自我意识是随着年龄的增长逐步发展增强的。特殊家庭的子女，一方面意识到了自己需要独立自主，但又联想到自己家庭的不幸，因此出现了情绪不稳定，消极悲观，自卑，对前途没有信心等问题。

### 2. 逆反心理

特殊家庭的孩子，经历了家庭变故，这使他们对社会认识产生了偏差，变得敏感、多疑、焦虑。不能正常地与同龄人交往，在学校也常常表现出不合作，偶尔会出现故意针对老师，产生行为上的逆反，明显地表现为“你要我这样，我偏要那样”。

### 3. 孤独心理

特殊家庭的家长通常要一人二职，既是妈妈，又是爸爸，权威性自然受到了影响，在教育孩子时，缺乏必要的缓冲，孩子认为少了一个能理解自己的人。与此同时，特殊家庭的家长，自己本身心理上就有问题，又往往要承受更大的压力，因此很容易将气撒到孩子身上，使孩子感到委屈。孩子内心的情感不能向父母诉说，又不愿告诉老师和同学，一直憋在心里，无法排解，久而

久之就形成了孤独心理，觉得别人无法理解自己，变得越来越孤僻。

**4. 报复心理**

特殊家庭子女因为家庭变故，通常缺乏好的学习环境，无人关心辅导其学习，因此大部分学习比较差，也因此对学习的兴趣下降，缺乏进取心，在和他人的比较中，会产生自卑，同时又因为其本身的压抑、委屈和怨恨的心理，这些交织在一起，就可能通过对社会、对他人的报复来宣泄其消极不满的情绪，来求得自己内心的平衡。

## 二、形成原因

特殊家庭儿童之所以会出现这些心理问题，主要有主观和客观两方面的原因。

**1. 主观原因**

家庭的影响。家庭是一个人成长中最重要的影响因素，父母是孩子的第一任老师，他们的一言一行，都在无形中影响着孩子，一个不健全、有问题的家庭，往往会出现“问题小孩”。家庭结构变化，使孩子缺失和谐温馨的家庭教育和家庭温暖氛围，在孩子幼小的心灵中留下创伤，产生严重的心理负担，这会直接导致

其心理异常。

**2. 客观原因**

所处周围环境的影响。社会整体对特殊家庭缺乏正面认识，普遍存在歧视，而特殊家庭子女所处的小环境中，同学、亲朋对他们缺乏关心、理解，严重的甚至取笑、辱骂他们；在学校里，应试教育的前提下，老师没有过多的精力去关心他们，往往采用简单粗暴的教育方式，使他们的心理问题更加严重。

特殊家庭在社会上的比例持续增加，这样的孩子也越来越多，他们的心理问题，应该更加引起教育工作者的注意。教育工作者应该从其心理问题的特殊性出发，有的放矢，调动学生主观能动性的发挥，积极帮助他们改善外部环境，营造一个和谐、理解、关爱的温暖氛围。

## 第四节 幼儿心理健康的影响因素

幼儿是人生发展的重要时期，人的个性和众多心理品质都是在此时形成的。心理学家称幼儿时期为人类发展的关键期。

但是，很多幼儿园的调查显示，越来越多的幼儿出现了自私、任性、感情脆弱、脾气暴躁、独立性差、社交能力差等不良特征，这些表象可能成为心理问题产生的隐患。家庭是幼儿最重要的成长场所，幼儿的心理健康不但有生物性遗传的影响，还有在家庭环境中，父母的态度、个性、品德和价值取向等方面的影响。

## 一、影响幼儿心理健康的家庭因素

### 1. 教养方式的不恰当

在现代绝大多数家庭中，家长重视关于健康知识的传输，轻视对行为习惯的培养。家长认为养育孩子只要让其吃饱穿暖，不生病就可以了。在幼儿的衣食住行用方面，家长不惜投资，在幼儿心理健康方面的关心，却极其吝啬。在独生子女身上体现更甚，普通 4 ＋ 2 ＋ 1 家庭中的独生子女，拥有两代六个人的关怀，造成其溺爱非常严重，凡事家长包办代替，孩子独立性极其差，同时又自私、任性，不愿意分享，很难感受到分享的快乐和满足。

### 2. 家长的教育观点不统一

说谎是幼儿很常见的现象。造成说谎的原因有很多，幼儿还处在还分不清现实和想象的年龄段，家长误把他们说出的想象当成说谎。这其中虽然也有人本身趋利避害的本能，但细究起来，家长也有推卸不了的责任。如当幼儿在幼儿园出现问题的时候，父母处理的方式就表现出标准不一，父亲往往简单批评一下，让幼儿意识到犯错误了，下次注意改正就可以了；但母亲往往容易将之严重化，对幼儿会更严厉，严重的还会有皮肉之苦。这样两种不同的处理方法，让幼儿知道了父母态度是不一样的，有问题

了找父亲解决更好，不能如实告诉母亲。长此以往，幼儿在父母面前就会说不一样的话，在老师和家长面前也说不一样的话，所谓“见人说人话，见鬼说鬼话”。长此以往，就养成了说谎的坏习惯了。

### 3. 父母没有起到好的榜样作用

父母是孩子最亲近的人，也是孩子最容易模仿的人，家长总是希望自己的孩子是完美的，一旦发现孩子身上的问题，先是数落，再是责骂，严重的甚至责打。但家长却没有意识到，自己的一言一行已经在潜移默化中影响到了孩子。如果家长很随意，得过且过，不严格要求自己，要求孩子做事严谨就很困难。俗话说：孩子是父母的一面镜子，孩子身上的问题，家长首先要反思自己言行是否得当。

### 4. 隔代或保姆代养的问题

现代很多家庭或者迫于经济压力，或者是工作太忙，无法亲自照顾孩子，只能请老人帮忙或干脆请保姆。这种隔代或保姆代养的情况，一方面老人或保姆本身知识水平比较低，他们只能看管孩子，管好孩子的衣食住行，在教育方面就心有余而力不足了；另一方方面，老人和保姆，为了避免孩子受伤，会限制孩子的活动，或吓唬孩子，很少让孩子去外出活动，这也使孩子运动能力差、胆小懦弱、不敢尝试新事物、过于依赖别人。

### 5. 用成人的视角看问题

家长不能从幼儿的角度出发，而是以成人的角度看待问题，有些对孩子来说是好事或是无所谓的事情，但家长从自己的角度看就觉得有问题。比如在幼儿园里，家长看到老师让幼儿在给花草树木浇水，而自己站在一旁聊天，家长就会认为这些本来该是老师干的活，却让幼儿来干，这对幼儿不公平，但幼儿却认为这样的活动很有意义，很有意思。这样，家长和幼儿的观点和感受截然不同，就会让幼儿困惑、无所适从，长大以后在人际交往中往往会斤斤计较、偷奸耍滑。

## 二、影响幼儿心理健康的学校因素

### 1. 幼儿园对心理教育的不够重视

我国目前幼儿园还是采取保育的形式，注重的是对幼儿身体健康和智力的开发，并没有意识到心理健康的重要性，对其重视不够。

### 2. 没有可供参考的专业书籍

在关于幼儿教育的书籍中，并没有专门的、全国性的、得到广泛认可的、针对幼儿心理健康方面指导的书籍，这也给老师进行心理健康教育带来了障碍。

### 3. 幼儿老师在心理方面知识的残缺，和教育方法的单一

幼儿老师的培养中关于儿童心理方面的涉及很少，也没有专门的针对性课程，因此，幼儿老师在这一方面的实际经验就很少，很难及时发现幼儿心理的变化，并加以正确引导。

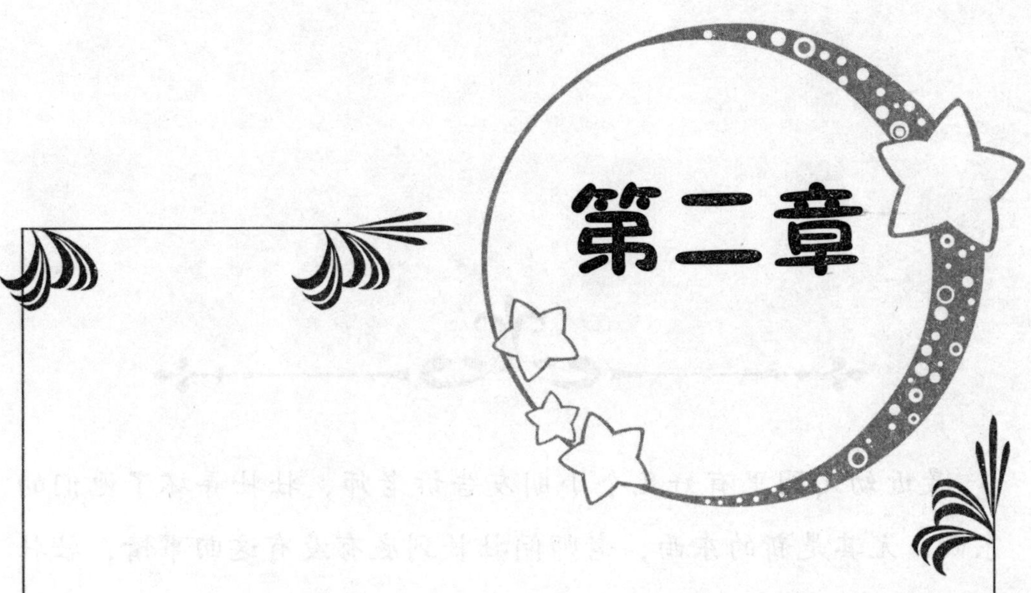

# 第二章

## 幼儿心理健康教育概况

最近幼儿园里有好几个小朋友告诉老师，壮壮弄坏了他们的东西，尤其是新的东西，老师问壮壮到底有没有这回事情，壮壮一口否认。但老师经过暗中观察，发现壮壮确实趁着其他小朋友不注意，弄坏了他们的东西。老师又找了壮壮家长，发现原来他在家里也有故意弄坏东西还不承认的情况，老师和家长又分别跟壮壮聊天，想帮助他，但收效甚微，老师为难了，到底有什么好办法能帮到壮壮呢？

## 第一节 幼儿心理健康教育的现状

《幼儿园教育指导纲要（试行）》中明确指出："幼儿园必须把保护幼儿的生命和促进幼儿的健康放在工作的首位。"这其中的健康包含身体健康、心理健康以及道德的健全，但众多实践和调查表明，幼儿园教育中对幼儿心理教育的投入远远不够。我国目前幼儿心理健康教育现状并不乐观，具体表现在以下几个方面。

## 一、幼儿心理健康教育的现状

### 1. 对幼儿心理健康教育认识不到位，重视程度不够高

有相当多的幼儿园没有意识到幼儿心理健康的重要性，在他们看来，幼儿是很单纯的，不应有什么心理问题，因此在平常的教育中对此根本不涉及。一些观念比较先进的幼儿园，虽然意识到了幼儿心理健康的重要性，但在实际的操作中，却很难将全面其付诸实施，更多的还是关注幼儿的生理和基本物质的满足。而且在进行心理矫正的实践中，也并没有真正考虑到幼儿的接受能力。

### 2. 没有系统完整的理论做指导

我国对幼儿心理教育重要性的认识比较晚，因此在开展研究幼儿心理教育的理论和研究方面的年限比较短、理论知识的积累也不是很丰富，这就直接导致了幼教老师的相关专业知识水平比较低，在教学过程中开展心理教育活动不太系统、集中，没有能力展开针对性强的教学活动，只能参考借鉴相邻学科或较大年龄段儿童的心理健康教育活动的经验与理论。

### 3. 师资匮乏，家园教育不同步

国家对幼教老师培养的投入不够，监管不严，导致师资良莠

不齐。在进行幼儿心理健康教育方面，老师对幼儿心理健康的标准和效果评价的把握不一，对实际中出现的幼儿心理问题，束手无策，不能及时帮助其纠正。同时在和家长沟通方面，老师首先没有让家长意识到幼儿心理健康的重要性，更没有做好和家长建成统一战线，共同关注幼儿心理健康的工作。

## 二、心理健康教育的重要意义

身体健康和心理健康是人整体健康不可分割的两个方面，缺一不可。作为教书育人的老师，不能厚此薄彼，必须要给予同等的重视。心理健康教育的重要意义体现在以下几点：

### 1. 促进幼儿健康的全面发展

马克思说过："好的心情，比十副良药更能解除生理的疲惫和痛苦。"可见，心理健康是身体健康的必要条件，只有心情舒畅了，心态好了，身体机能才能更好地运转，生理的健康也会更容易达到。

### 2. 帮助幼儿养成积极良好的健康性格

开展心理教育，帮助幼儿正确认识自己，使之理想中的我和现实中真正的自我完美结合，为幼儿塑造理想中的自我形象，并最终培养他们良好的人格形成。

### 3. 提高幼儿的个人素质

现代社会对人才的要求，不但是知识层面，更重要的是其性格方面和与人合作方面，一个懂得关心他人，具有责任感，勇于担当，积极分享，团结他人；一个具有自主、自信、自强品质的人，必将在激烈的市场竞争中占有一席之地。

### 4. 促进幼儿智力发展

幼儿在有心理压力时，最常表现的就是情绪紧张、烦躁、心情低沉、注意力不集中、思维迟钝等，对周遭事物的感触降低，从而影响其智力的发展。

### 5. 挖掘幼儿内在潜力

实践表明，拥有健康心理的孩子学习轻松，快乐，能用积极愉悦的心情去面对学习，更容易发现其中的乐趣，也更容易获得满足感，从而刺激其进步，获得优异的成绩，最大限度地发挥其内在潜力。一个人是否能成功，心理因素起到了很大的作用，一个心理素质高的人，即使才华平庸一点，也比一个满腹才华却心理不健全的人更易获得成功。

加强对幼儿心理健康的教育，提高幼儿的心理素质，是幼儿本身发展的需要，是现在和未来教育的需要，也是社会发展的需要，作为幼儿的第一任教师，幼教工作者必须积极开展多样化的心理健康教育活动，为幼儿将来的发展打下坚实的基础。

# 第二节 幼儿心理健康教育的目标、内容和原则

一切以帮助幼儿提高心理素质和人格健全的活动都是心理健康教育。本书所说的心理教育，主要指的是狭义上心理健康教育，即在幼儿园范围内开展的，为提高幼儿心理素质和健全人格的教学活动。

## 一、幼儿心理健康教育的目标

幼儿心理健康教育归纳起来，有以下三个目标：

**1. 面对全体幼儿的发展性的心理健康教育**

促进幼儿自我意识的发展，增强幼儿对情绪情感的表达能力，强化幼儿在心理品质和社会适应能力方面的全面发展，提高幼儿的心理素质，用发展的眼光看待幼儿的心理变化，重点培养幼儿内在积极的心理品质，发掘幼儿的心理潜能，帮助幼儿塑造健全的人格。

**2. 对个别有心理问题的幼儿开展补偿性心理健康教育**

老师应该有能力分辨出轻度和常见的幼儿心理问题，并制定出相应对策，帮助其尽快恢复，正确地将不良心理对幼儿的影响降到最低。

**3. 识别有严重心理问题的幼儿，并联络专业机构，帮助其尽早恢复正常**

幼儿园心理健康教育是一项基础的教育，对于严重的心理问题，如果没有能力解决，通过简单的教学活动也解决不了，这时候，老师应做好初步的诊断和识别，并及时通知家长，联络专业机构，必要时可以协助，共同达到治愈幼儿心理问题的目的。

## 二、幼儿心理健康教育的内容

幼儿心理健康教育不仅是针对有心理问题的幼儿，更重要的是从积极心理学的角度出发，去优化幼儿的心理品质，将可能会出现的问题提前处置。基于此，幼儿心理健康教育主要有以下几个方面的内容：

### 1. 使幼儿能正确认识、表达、调节和控制自己的情绪

情绪是人感情化的体现，是心理健康的一面镜子，情绪能力是幼儿最早表现出的能力之一。幼儿的情绪具有易变、外显性和持续时间短的特点。专家经过观察发现，幼儿的很多心理问题都是和情绪有关的，因此，正确引导幼儿学会识别自己和别人的情绪，理解情绪，控制情绪并合理表达情绪，将不愉快的情绪合理宣泄出来，是十分重要的。

### 2. 培养幼儿的交往能力

让幼儿学习与他人交往，妥善处理与小伙伴的矛盾，随着交往的深入，感受到交往过程中的愉悦感、归属感和安全感。

### 3. 让幼儿养成良好的习惯

良好的习惯不但对幼儿的认知、情感方面的发展影响深远，甚至对其一生的发展也有积极的影响，因此，应该培养幼儿良好

的生活习惯、学习习惯、卫生习惯和行为习惯。

**4. 培养幼儿的自我意识**

幼儿自我意识中的独立性、自信心和主动性，是通过“我能行”“我会做”“我愿意做”来体现的，要在生活、学习情境中满足幼儿独立性与主动性发展的需要，让幼儿逐渐养成“自己的事情自己做”的习惯，充分体验到自己的力量，进而获得自信心和成就感。

**5. 预防行为异常和心理障碍的出现**

对心理教育的教育应该采取：预防为主，防治结合。及早发现幼儿的心理异常和行为问题，并及时予以干预。

## 三、幼儿心理健康教育的原则

**1. 活动性原则**

活动性原则是将心理健康教育融入幼儿参与的各种活动中去。陶行知先生指出：“教育要通过生活中的活动才能发挥力量，也才能成为真正的教育，教、学、做合一，生活法亦即教育法。”有些幼儿害怕打针，害怕医生。教师如果采取简单的说教，丝毫不能减轻幼儿的痛苦，反而造成幼儿的不配合。如果让幼儿结合自己看医生打针的经历，鼓励他们玩医生和病人的游戏，让幼儿角色互换，模仿医生打针的全过程。那么在游戏中，幼儿不仅能感到快乐，还减少了害怕打针的痛苦情绪。

**2. 发展性原则**

发展性原则，就是以发展的眼光看待幼儿。教师不仅要关注幼儿现在的心理健康和心理品质，了解幼儿问题行为的主要表现、产生原因及其对于未来可能带来的影响，了解幼儿在活动中的兴趣点与长项，还需要预见幼儿未来发展可能带来的影响，需要预见幼儿未来的发展中，可能出现的积极的心理品质与可能出现的问题行为，并以此为基础，开展教育活动。例如，面对口吃的玲玲，教师通过观察，发现玲玲喜欢体育活动，于是在体育活动中鼓励玲玲大胆表达自己的愿望。教师根据玲玲口吃的主要表现，排除了生理方面的因素，更多地将原因定位在家庭教育不当，以及缺乏必要的语言交往经验上，于是决定从大胆表达愿望入手，采取儿歌朗诵、讲故事等多种方式进行示范和练习，终于帮助玲玲不再出现口吃的情况。

**3. 主体性原则**

幼儿是教育的主体，在开展心理教育过程中，首先要考虑幼儿发展的特点和内在需要。例如，刚入园的幼儿容易出现焦虑情绪，教师首先要理解幼儿这一行为，理解这是由于生活环境变化带来的。其次，要了解导致幼儿不安全感产生的环境因素。如环境中的哪些要素让幼儿有陌生感，了解幼儿最喜欢的东西，最想

做的事情，在此基础上设计幼儿活动，精心布置教室，做好家园联系工作等。再次，引导幼儿在活动中主动构建知识经验，鼓励幼儿与教师对话，与同伴交流对话等等，在活动中逐步获得熟悉感和亲切感，减少幼儿焦虑。

**4. 面向全体原则**

心理健康教育是面向全体幼儿的教育。在组织实施各种心理健康教育活动时，既要以提高每个幼儿的心理健康水平为基本立足点，又要考虑全体幼儿的发展要求和普遍存在的问题。教师在教学活动设计时，一方面要了解和把握各个年龄段幼儿的共同特点，另一方面，又要努力营造一个民主型的班级文化。师幼之间建立彼此尊重、理解、关怀、接纳的良好关系。

**5. 整体性原则**

这一原则要求我们把幼儿的心理健康教育作为一个整体来看。一方面，幼儿心理健康教育涉及幼儿个性、情绪、智力及行为等方面，每个方面的发展相互依存。另一方面，将心理健康教育融入五大领域活动、日常生活等。例如教师在给幼儿讲《胡萝卜的故事》的时候，启发幼儿思考：“胡萝卜为什么会哭？”引导幼儿思考“你在什么情况下会哭”，进而学习如何调整悲伤的情绪。

**6. 差异性原则**

由于遗传、生理发展、生活环境和养育方式的不同，幼儿的发展是有差异的。幼儿发展的差异主要有性别差异、年龄差异和心理发展水平的差异。教师要区别对待这些差异，灵活采用方法，充分考虑幼儿的差异性，采取并实施促进其发展的方案。例如同样是攻击性行为，有的跟气质类型有关，有的跟家庭养育方法有关。教师要根据不同的个体行为表现，深入了解其影响因素，与家长一起制定教育方案。对一些问题比较严重的幼儿，要及时配合专业机构，进行单独的一对一辅导。

## 第三节 实施幼儿心理健康教育的途径

实施幼儿心理健康教育是一项艰巨的任务，需要长期的坚持，我们总结出了进行幼儿心理健康教育的有效途径，主要分为以下几项：

## 一、创设安全、温馨轻松的健康心理环境

一个人的健康成长离不开其生活的环境，而脆弱的幼儿受环境的影响更甚，年龄越小的幼儿，对心理环境的要求也就越高，心理环境对他们的影响也更大，更为深远。著名教育学家霍姆林斯基说过："教育——首先是教师与孩子精神上的接触。"可见，心灵的沟通是教育进行的前提和基础。如果老师总是用冷漠的态度对待幼儿，幼儿感受不到老师的关心和鼓励，得不到老师的帮助，就会失去对老师的信任，加重不安全感；如果老师经常挖苦、讽刺幼儿，打击幼儿的自尊心，损伤幼儿的人格，幼儿长期得不到老师的肯定，就会失去自信心。因此，老师应该敞开心扉，密切注意幼儿的心理需要，为幼儿创造一个和谐温馨的环境，建立平等鼓励的师生关系。在实践操作中，老师应给予幼儿充分的锻炼机会，让他们去独立完成一些简单的任务，从而感受到自身的能力，更好地认识自己。老师要善于发现幼儿身上的发光点，引导幼儿发现自己的长处，看到自己的进步，增强自信心，在乐观积极的氛围中成长。

## 二、以游戏为载体，调动幼儿参与的积极性，增强幼儿之间的合作交往，培养幼儿良好的性格

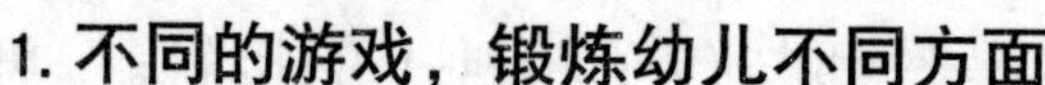

**1. 不同的游戏，锻炼幼儿不同方面**

体育游戏锻炼幼儿的躯体动作和手指精细动作；智力游戏能促进幼儿认知能力的发展，而创造性游戏则丰富了幼儿的情绪表达，培养良好社会交往能力，塑造良好的性格。幼儿也通过参与不同的游戏，锻炼了他们的协商、组织、分工、合作、礼让的意识与能力，在轻松愉快的游戏中，形成了友善待人的性格。

**2. 在游戏的实施中，老师要加强对个别幼儿的教育**

每个幼儿的性格都是不一样的，有的幼儿天生胆小，容易害羞，很难主动去和别人交往，更不会积极主动地参与到游戏中。面对这样的幼儿，老师在进行游戏时，应大胆鼓励他们，用关心和询问的语气邀请他们参与，及时发现他们的每一点进步，及时予以鼓励和表扬，让幼儿意识到集体活动的乐趣，发现自己的潜能。

## 三、充分利用幼儿园的特殊环境，帮助幼儿建立良好的伙伴关系，锻炼幼儿的社会适应能力

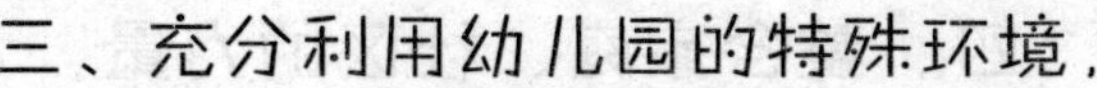

随着国家计划生育政策的实施，独生子女成了主要的家庭常态，而特殊的家庭环境也使幼儿从小很少有和同龄人交往、协作的机会，也不能感受到谦让和友爱，因此养成了幼儿任性、自私、唯我独尊的性格。而幼儿园是一个大集体，不管是学习还是游戏，有很多需要大家协作的机会，老师应该充分利用这些机会，让幼儿在集体中感受到接纳、尊重、合作的重要，从而养成良好的心理品质。

## 四、整合家庭、社区的力量，培养促进幼儿心理健康发展的沃土

幼儿的生长环境不是孤立存在的，而是相互作用的。幼儿的辨别能力比较差，对成人的依赖强，对他们的教育要体现在生活的方方面面。如何为幼儿创造一个良好的心理教育大环境，将不利因素转化为有利因素，使幼儿在学校、家庭里、社区中受到同样的教育，保持教育标准的统一性，促进幼儿心理的健康发展，是一个重要的课题。主要要做好以下两点：

**1. 注重家长主体地位的体现**

让家长认识到家庭教育的重要性，随时与家长沟通幼儿的最新变化，让家长积极参与进来。老师可以自制“家园联系卡”，卡上标明幼儿管理的要求，对于幼儿自我意识、社会属性意识的培养要求，通过家园联系卡使老师和家长信息共通，家长及时了解幼儿在园情况，老师能了解到幼儿在家情况，从而双方能及时调整教育行为。除了“家园联系卡”以外，家长讨论会、家长开放日、亲子活动等，都是家园共育的很好方法。

**2. 营造和谐民主的社区氛围，创建心理健康的教育格局**

根据社区特色，发挥社区力量，加强幼儿园、家庭和社会的

合作，形成对幼儿全方位综合教育的社区环境。

## 五、建立幼儿心理档案

老师在教学活动中，可以记录幼儿每个阶段的表现，如社会适应性、活动参与性、分享的意愿等，做成一个简单的心理档案，为全面了解幼儿的心理健康发展提供可靠依据。

# 第三章

## 幼儿教师心理健康及其对幼儿的影响

李丽是一名对工作很负责的幼儿园老师，从小她父母对她就要求严格，上学到工作都是按部就班。最近，她在报上看到有别的幼儿园幼儿在回家途中走失，其负责老师受到惩罚后，一直惴惴不安，生怕自己负责的幼儿也发生类似的事情，连上课时也在想这件事，导致上课时注意力不集中，甚至忘记自己讲到哪里了。在家长来接孩子时，她也总要反复核查家长与幼儿的信息，有时查过了还不放心，还要追到幼儿园门口再复查一遍。就算回到自己家里了，脑子里仍然想着幼儿的事情，会给家长逐个打电话，甚至还会给幼儿园门卫室打电话，询问有没有家长来接孩子的。周而复始，李丽疲惫不堪，教学水平明显下降，教学活动成效不明显，人也变得焦躁不安，还经常向幼儿发火，甚至出现了推搡幼儿的行为。李丽知道自己有点杞人忧天，但她就是控制不住自己。

## 第一节 幼儿教师心理健康的问题及其成因

心理健康的核心内容是人的主观幸福感，对自己的满意程度。有了好的心情，生活就会轻松愉快，工作效率也会提高。幼儿园教师们肩负着培养一代新人的重任，其心理健康直接关系到幼儿的教育质量和身心发展。因此，关注幼儿教师的心理健康，不仅有利于教师个人，也有利于幼儿。

## 一、幼儿教师心理健康的现状

幼儿园工作的复杂性、特殊性，要求教师必须全身心的付出。幼儿教师的压力越来越大，心理健康问题也越来越堪忧。有学者对在职幼儿教师进行心理健康评定中，发现有 20.8% 的幼教工作者心理健康水平欠佳。由此可见，要完成幼儿园的保教任务，维护幼儿教师的心理健康，提高她们的心理健康水平已经势在必行。综合来看，目前幼儿教师的心理健康状况具体有如下表现：

### 1. 自卑心理严重

目前我国幼儿教师队伍的整体素质水平已经大大提高，但由于教师们学历不同，有的教师认为自己的学历不如别人，或家庭条件不如别人，有的教师在与自己的同学或者相同年龄段的朋友对比中，觉得自己的收入没有别人高，产生了不平衡的心理差距，进而产生自卑心理。调查数量显示，有 65% 的教师对幼教工作满意度比较低，32% 的教师产生过厌倦心理。这种负面心理导致有些教师对别人评价过高，对自己却评价过低，缺乏自信。

### 2. 焦虑水平偏高

一个人心理问题的最突出表现是在其情绪上，看其是否经常出现焦虑、抑郁、不安等。从目前的调查结果来看，幼儿教师中

普遍存在有疲劳、不安、焦虑的不良情绪。心理学认为，适度的焦虑是正常的，它有利于集中注意力，帮我们冷静地分析问题，解决问题，但长期的焦虑就会变成一种心理疾病，如果人每天都生活在紧张中，会严重影响人的情绪，影响工作和生活，甚至每天觉得处于痛苦之中。

### 3. 嫉妒心理突出

嫉妒是指人们为竞争一定的权益，对相应的幸运者怀有一种冷漠、贬低和排斥的心理状态。适度的攀比心理能激发人的斗志，过度的嫉妒心理则会令人产生不健康的心理，看到别人比自己成绩突出，相对成功时就感觉难受。幼儿教师的嫉妒心理是伴随着自卑心理的产生而来的，严重的嫉妒心理会让幼儿教师无心工作，产生懒散、懈怠的情绪。

幼儿教师每天面对着孩子，与孩子们生活在一起，面对着如同白纸一样纯洁的孩子。教师的心理健康问题直接影响到幼儿的成长发育，因此，教师的心理健康问题应该引起我们的重视。

## 二、影响幼儿教师心理健康的因素

影响幼儿教师心理健康的因素是多方面的，可基本分为两个方面：

## （一）客观因素

### 1. 教师的需求得不到满足

首先是物质需要。随着改革开放的不断深入和其他社会成员生活水平的提高，教师的物质需要也随着提高，尤其是工作上的物质需求受到了比较大的刺激，要求改善教学条件，丰富现代化的教学手段。但实际上这些需求在很多幼儿园都得不到满足，难免在教师中产生不公平的感觉。其次是自尊需要，主要体现在社会对自己的业绩、形象给予认可方面。相对于其他职业来说，幼儿教育这个职业要求教师付出巨大的耐心和爱心，比别人付出更多的努力，但是仍有一部分人把教师当做保姆，严重影响了教师的心理健康发展。最后是教师的成就需要。幼儿教育属于启蒙教育，教育成果不能用事业成绩来体现，使教师的自我价值无法体现，教师的成功需求得不到满足。当他们的创造成果被忽视，被否定时，往往心灵深处会受到伤害，带来消极后果。

### 2. 人际关系复杂

幼儿教师的工作特点，决定着教师必须与幼儿、同事、幼儿园管理者及学生家长建立良好的人际关系。教师作为多重角色的扮演者，在处理各种关系时更容易遇到矛盾冲突，处理不好就会产生激动、不安、烦躁等情绪，不仅影响工作，也影响教师自身

的心理健康。

### 3. 对教育改革的不适应

随着幼儿教育改革的不断深入，一些来自国外幼儿园的成功经验和教学理念被引入，课程的改变，观念的更新，让人大有目不暇接之势。而目前在一线工作的幼儿教师，仍然沿用传统的课程标准，重“三学六法”及“音，体，美”的技能技巧训练，能力结构已经不能满足现代幼儿工作的需要。加上有些教师缺乏对新的教育理论和方法的学习，难以胜任教学工作，这种情况就给一些教师造成了很大的心理压力。因此，教师的焦虑情绪、不安日渐增多。

### 4. 家长的高期望

在我国，对孩子的教育一直被看做是重中之重，大多数家长都“望子成龙”，伴随着家长文化水平的提高，很多家长已经把早期教育、早期智力开发当做了幼儿教育的重点来抓。他们不仅希望幼儿园能照顾幼儿，更希望幼儿园能提供良好的教育资源。因此，家长对幼儿园的知识水平、教学水平、教学环境、教学方法等也有了较高的期望，这种高期望投射到幼儿教师身上，就变成了巨大的压力。

## （二）主观因素

### 1. 上进心

部分教师不安心幼儿教育工作，教育意识淡薄，再加上不正确的社会攀比，个别人对自己的工作存有偏见，产生“妄自菲薄”的消极心理，个人表现与师生感情、敬业精神脱钩，出现懈怠工作的现象。

### 2. 自信心

部分教师对自我情感、意志力和能力不能把握，低估自身价值，丧失自信心，缺乏参与竞争的意识，处处以失败者的心理去接受教育改革。在这种消极的心态下，教师在工作中就容易产生不思进取的被动表现。

### 3. 耐挫折能力

每个人的一生都会遭受挫折，从而产生挫折感。人对挫折感都有一定的容忍力，一般来说，身体强壮，思想境界高的人，历经坎坷，阅历丰富的人，更能容忍挫折。同样的事情，有的人可能难以忍受，有的人则可以从容面对，这就是对挫折容忍力大小不同的结果。而幼儿教师面对的主要挫折，来自教学工作的不顺利，不同人对教育事业的态度不同，这是幼儿教师的职业特点所决定的。

#### 4. 抱负水平

部分教师在生活中不能正确认识自己的社会角色，事事好高骛远，该属于自己的，不该属于自己的都想要得到，以至于异想天开，碰得头破血流。

#### 5. 心理素质

教师自身拥有良好的心理素质是保持健康的心理的一个前提。如果教师和幼儿之间有良好的情感交流，建立良好的感情基础，彼此就能产生亲切感、认同感，相互间的吸引力就比较大，幼儿会把教师当父母看待。反之，幼儿与教师之间就无法亲近，更得不到幼儿家长的认同，最终可能导致教师产生不良的心理情绪。

## 第二节 幼儿教师心理健康对幼儿的影响

幼儿教师的教育对象是天真、可塑性极大的幼儿，与幼儿每天大部分时间都生活在一起，幼儿的学习、游戏、生活都是由教师来管理和培养。所以教师不光是幼儿的启蒙者，更是幼儿学习的榜样，性格的塑造者。幼儿时期的心理健康与否，是关系到幼儿今后的一生，因此，幼儿教师的心理健康对幼儿的影响极大，不应该被我们忽视。

幼儿教师的心理健康对幼儿的影响主要有以下五个方面：

## 一、性格

性格是一个人对现实的稳定的态度以及与之相适应的习惯化行为，是一个人区别于其他人的集中体现。幼儿期是性格稳固的重要时期，《汉书·贾谊传》有言："少成若天性，习惯如自然。"说明早期教育对性格的制约和导向有着重要作用。当教师具有积极向上、活泼开朗的性格时，会在情绪上比较乐观，善于与人交流。在与幼儿的交往过程中，能以积极乐观的情绪给予幼儿影响。使幼儿产生安全感和依赖感，会让幼儿变得活泼开朗，乐观向上。反之，教师的冷漠会造成幼儿胆小、忧郁，产生心理问题。

## 二、个性的发展

一个热情大方、活泼开朗的孩子和一个安静、孤僻的孩子，哪一个更讨人喜欢？结果当然是毋庸置疑的。当幼儿教师个性活泼，就会对幼儿产生潜移默化的影响。因此而教师的性格对于幼儿个性的发展有着非常重要的影响。

## 三、兴趣和求知欲

个人兴趣是指“个人”对特定事物、活动以及“认为对象”所产生的带有倾向性、选择性的态度、情绪和喜欢的想法。它是在需要的基础上产生的，能够吸引人们去积极追求那些使他们满足的事物。孩子们的好奇心无处不在，他们无时无刻不在寻求探索外部的世界，而教师的一言一行都会对培养孩子的求知欲产生至关重要的作用。试想一下，如果教师在孩子们讨论事物时只是简单而敷衍了事，孩子们的求知欲和兴趣还会被调动起来吗？因此，教师自己首先要有一颗好奇心，培养自己广泛的兴趣，再走进孩子的心灵世界，去倾听孩子说什么，捕捉孩子的兴趣点，激发孩子的兴趣和求知欲。

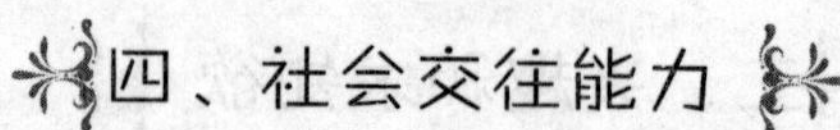

## 四、社会交往能力

社会交往是指个体之间相互往来，进行物质、精神交流的社会活动，社会交往能力对个人在社会中的成长、发展，有着举足轻重的意义。一个具有活泼开朗个性，善于和别人交流的教师，不但能给予幼儿友爱、和睦的感觉，还能为幼儿树立一面人际交往的“镜子”。幼儿具有很强的模仿性，他们会学着老师关爱身边的人；会学着老师的样子，以宽容的心态对待周围的人和物。这都有利于幼儿的心理健康发展，有利于幼儿保持正常的人际关系，增加幼儿在集体中的自信心。

## 第三节 改善幼儿教师心理健康的方法

无论是教师本人还是幼儿园管理者，都应该充分了解影响幼儿教师心理健康的因素及其作用机制，有效地维护幼儿教师的心理健康。总的来说，促进幼儿教师心理健康需要多方共同的努力，以保障幼儿教师的心理健康。

## 一、幼儿园管理者

作为幼儿教师的直接管理部门，幼儿园的各级领导对幼儿教师的心理健康肩负着不可忽视的责任。为了提高幼儿教师的心理健康水平，保障教师的心理健康发展，可以从以下 3 点入手：

### 1. 合理安排工作量

在明确任务的前提下，管理者要合理安排每个教师的工作量。要做到分工明确，充分考虑每个教师的能力、责任范围，对于一些临时的任务，要与教师沟通后再布置，争取大家的理解和支持，做好任务协调工作。管理者要科学地管理幼儿园的日常工作，不要搞形式主义，尽量做到换位思考。

### 2. 改善工作环境，加强教师心理健康教育的学习

工作环境得到改善，使教师具有乐观积极的心理环境，会让教师感到对工作充满信心，对工作产生兴趣。为此，幼儿园管理者应该要重视加强教师对心理健康知识的学习，改善工作环境。让教师觉得自身被重视，感受到园方的努力，从而提高自己的工作的信心，减轻自身压力。

### 3. 建立民主的管理制度

幼儿园的管理者应该时刻关注教师们的喜怒哀乐，了解她们

的所思所想。要掌握一定的科学管理知识和解决问题的方法，在具体事情的对待上，可以采用灵活的手法，通过民主、平等、建设性的方法进行管理。与教师之间建立一种积极、健康的情感关系，使教师愿意努力工作，调动教师的积极性。引入评价机制，对每名教师予以公平、客观的评价，鼓励积极进取、努力上进的教师予以鼓励和奖励；对不思进取，停步不前的教师给予批评。赏罚分明，调动教师的主动性和创造性。同时，在日常生活中，要与教师经常沟通，化解管理者与教师之间，教师与教师之间的矛盾。与教师共同讨论，寻求解决问题的方法。

**4. 提高教师的社会地位，减轻教师心理负荷**

要维护教师的合法利益，完善教师的保险制度，改善教师的工资收入、住房、医疗等的物质待遇，来切实提高教师的社会地位。并呼吁全社会关心、支持、配合教师，提高教师工作的积极性，减少教师的消极心理。

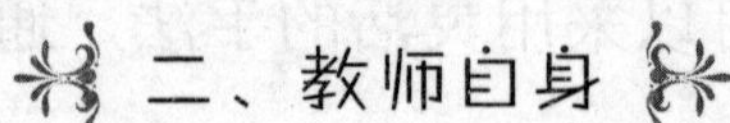

## 二、教师自身

除了园方的努力，教师自身也可以采用一些方法，来保持、提高自身的心理健康素质。

### 1. 情绪放松法

教师产生心理问题的原因，大部分是由于紧张、焦虑等情绪所产生的，而紧张、焦虑又是由各种各样的压力造成的。这时候，教师就可以采用情绪放松法，可以通过身体的锻炼，户外活动、业余爱好等方法，缓解心理压力，避免心理压力过大，还可以培养自己的业余兴趣爱好，一举两得。

### 2. 自我调节法

随着教育工作的深化，教师负担的角色也日趋复杂，除了要面对教学工作，还要面对幼儿家长的深切期待，所以教师要及时调整自我心态，释放、缓解压力，避免心理健康受到影响。可以采取找熟悉的人或者同事倾诉，课余时间进行体育锻炼或者用游戏的方法减缓压力，保持心理健康。

### 3. 信念理念法

作为一名教育工作者，一定要有坚定的职业理想和信念，才能在长期繁复的工作中保持活力，增加工作积极性。如果不能冷

静地对待自己，厌倦教师工作，又怎么可能会有一个好的心情？又怎么能在每天的教学工作中保持一颗平常心？所以，教师应该要明确自己的社会角色定位，立足根本，正确地认识自己，接纳自己，对自己的职业抱有信心和理念，并为自己是一名教师而自豪。

**4. 转移注意法**

所谓的转移注意法就是采取迂回的方法转移自己的注意力，把负面的情绪转移到其他活动中去，使消极的情趣被其他的因素干扰，不再恶化，或者朝着别的方向发展。只要善于脱离不利的情况，就容易控制自己的情绪。当教师与他人产生矛盾时，可以先将注意力转移到别处，等双方冷静了再做处理。这样就不容易让矛盾激化，有利于问题的解决，给教师一个情绪上的缓和。也可以让工作中取得成绩带来的成就感，来冲淡日常教学中产生的不利情绪，缓解教师的心情。

**5. 自我暗示法**

自我暗示法既是运用主观想象某种特殊的人与事物，来进行自我刺激，达到改变自我行为的方法。积极的自我暗示会产生一种力量，它可以调整心态，补充精神动力，坚定成功信念，进而自觉地努力，达到追求的目标。教师的行为具有很强的示范性，良好的心理状态会让幼儿看到希望，增强自信。因此，积极的自我暗示对教师自身是非常必要的。教师可以通过肯定自己的方法

来进行心理暗示。平时不要一味地批评自己，要经常用积极的语言评价自己，肯定自己，并通过活动正面表现自己。特别是在遇到困难时，要善于自我激励，勇于面对，相信自己只要坚持，一定能够成功的信念。在受到他人误解和轻视时，可以采用调整心理的方法，暗示自己：他人的指责不全都是正确的，应找他谈谈，以改变他的看法。保证自我的心理状态不受影响，把其调整到健康的心理情绪。

# 第四章

# 幼儿心理健康课程的开展

俄罗斯作家克雷洛夫有《天鹅、梭子鱼和虾》的寓言故事："一天，梭子鱼、虾和天鹅，出去把一辆小车从大路上拖下来，三个家伙一齐担负起沉重的担子。它们用足狠劲，身上青筋暴露。无论它们怎样地拖呀、拉呀、推呀，小车还是停留在老地方，一码都没有移动。倒不是小车重得动不了，而是另有缘故：天鹅使劲儿向上提，虾一步步向后退，梭子鱼又是朝池塘的方向拉去。究竟哪个对，哪个错，我不知道，我只知道小车还是停留在老地方。"如果我们开展、设计的幼儿心理健康课程方法不对，目标不明确，或许就像小车一样，只能停留在原地。

## 第一节 幼儿心理健康教育课程设计的目标和方法

幼儿阶段，是孩子语言、思维发展的关键期，也是其性格情绪、社会交往、自我意识、行为习惯发展的重要阶段。这时候的幼儿正处在心理发展的重要阶段，可塑性强，具有重要的潜力，是培养他们健康心理的大好时机。可是，由于幼儿心理不成熟，自我控制和自我调节能力较低，所以教师在幼儿园的日常生活教育中，不仅仅要对幼儿的生活安排和护理，还需要关注幼儿的情绪需要，使他们养成良好的健康行为。将心理健康问题融入幼儿日常的活动和学习之中，通过设置，培养幼儿心理健康的课程，使幼儿形成健康的心理素质，为日后立足社会，成功成材打下基础。

## 一、幼儿心理健康教育课程设计的目标

### 1. 对全体幼儿实施发展性的心理健康教育

增强幼儿自我的心理保护意识，促进幼儿自我意识，行为习惯，情绪情感，个性心理品质和社会适应能力等方面的全面发展，努力提高幼儿的心理健康水平。这是幼儿心理健康教育的首要目标，着重培养幼儿内在的积极心理品质，开发幼儿的心理潜能，使幼儿获得健全个人格。

### 2. 开展心理健康教育

教师要使幼儿能关心周围世界的各种事物和现象，乐意寻找新的生活体验，有较好的观察、注意、分析、想象、概括的能力。有较强的求知欲，能适应良好的新环境，能发现和认识身边事物的联系，有一定的自我评价和约束能力。做事要有信心和一定的耐心，不惧怕失败的挫折，感受追寻成功带来的成就感。

### 3. 使幼儿能积极参与到集体活动中，善与他人相处

通过参与集体活动，使幼儿能与父母、老师、同伴表达、交流自己的想法和感受。遇到困难主动想办法接解决，能接受家长和教师的劝导，不任性，能与同伴合作完成活动，友好相处，平等合作。有一定的生活自理能力，初步养成良好的生活习惯。

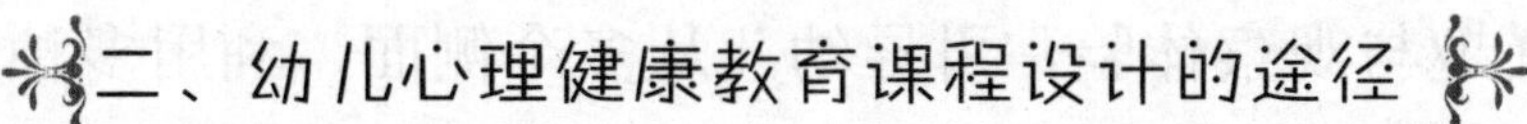

## 二、幼儿心理健康教育课程设计的途径

### 1. 通过幼儿日常生活、教学灌输心理健康教育

《中小学幼儿园教育纲要》指出："幼儿园必须把保护幼儿的生命和促进幼儿的健康放在工作的首位。"同时强调："树立正确的健康观念，在重视幼儿身体健康的同时，要高度重视幼儿的心理健康。"因此，幼儿心理健康教育是幼儿园教育中重要的环节。幼儿在幼儿园一日的活动，包含生活活动、学习活动、运动活动，游戏活动四方面，因此将心理健康教育活动渗透在幼儿平时的不同活动中，通过幼儿日常的点点滴滴，对幼儿的情感、能力、知识、态度等进行全面的启蒙教育。从幼儿心理健康出发，关注、爱护幼儿，积极推动心理健康教育。

如何在幼儿一日的教学活动中进行心理健康教育？可以通过以下三个方面入手。

（1）教学活动中的心理健康教育的融合

教学活动是幼儿园科学教育的重要环节，是幼儿全面发展的重要组成部分。因此，从教学活动入手，在教学活动中加入心理健康教育是保障幼儿心理健康的首选方法。在具体的教学活动设计中，应充分考虑幼儿的心理反应，避免采用一味灌输的方法。应该从幼儿的兴趣与需要出发，充分观察和利用幼儿的生活情景，

创设各种虚拟的场景，引起幼儿的认知冲突和情感共鸣，从而诱发幼儿的兴趣与观察体验，引导幼儿从多个侧面，利用多种器官能力以达到以景生情，以情促知的目的。其次，突出幼儿的行为训练，培养幼儿的积极心理，突出幼儿行为的内化和迁移。幼儿积极心理品质培养的目标是心理品质的内化，这种内化是习惯的养成，从小养成良好的行为习惯，比其他任何学习都更具有成长的价值和旺盛的生命力。

（2）游戏活动中的心理健康教育的融合

游戏是幼儿快乐生活的主要来源，参与游戏可以给幼儿带来快乐，也可促进幼儿获得新知。学前教育理论的奠基人富禄培尔就认识到游戏活动和儿童的心理有着密切的关系，认为游戏给儿童以自由和欢乐，所以任何儿童都对游戏感兴趣。以游戏为心理教育的方法，就很容易提高儿童的兴趣，增加教育工作的效率。游戏还是培养幼儿集体意识的好方法，在角色游戏中，幼儿通过对游戏主题的理解，在对角色的选择和情节的发展中，学会如何与同伴友好相处，对集体意识的增强和对自我意识的启蒙发展无疑也是很有意义的

体育活动能促进人体大脑的发育，更是促进幼儿合群行为发展的有效手段。在体育活动中加入心理健康教育的内容，可以培养幼儿的团队精神和合作能力，加深幼儿的人际沟通能力，促进幼儿的身体素质和心理素质同步提高。

（3）日常生活中的心理健康教育的融合

日常生活中的心理健康教育是健康教育的有机组成部分，是利用教学、游戏活动之外的各个环节进行的适时随机教育，它通过幼儿一日的生活，如区域活动、盥洗、进餐、睡眠、户外活动等环节帮助幼儿获得相应的经验。因此，日常生活中的心理健康教育是幼儿园教育的有效方法。大量的日常生活是儿童人际交往频繁和心理品质自然流露的时刻。教师可以通过对幼儿日常生活的观察，关注幼儿对课程的理解和记忆，加深幼儿对心理健康教育的印象。

**2. 家园共育，将心理健康教育引入幼儿生活**

幼儿园是幼儿学前教育系统的支柱，对幼儿的教育起导向作用。家庭是幼儿赖以生存和发展的社会组织，家庭环境的教育功能影响儿童的健康发展。幼儿心理健康教育应是幼儿园及家庭共同关注，形成合力，才能真正使得幼儿的心理从自然的，社会的，规范的环境中得到健康发展。幼儿心理健康教育的家园共育可以从以下几个方面开展：

（1）开展亲子活动，开设家庭心理咨询，周日家访活动，开设有关幼儿和家长心理的讲座。

（2）开展社区模拟活动，或者到社区服务中心参加社会活动。让社区中的小朋友一同来参加，让幼儿接触到不同年龄，不同性别的人，打破独生子女封闭的空间，增加幼儿的社会交往能力。

（3）开展学习化家庭的活动，依托幼儿和家庭两点连线努力一体化的教育网络，努力提升教育工作者的综合能力。

教师应在日常的工作和生活中，有意识地关注幼儿的心理健康教育，如鼓励幼儿大胆地在老师和同伴面前表达、交流自己的想法和意愿，培养幼儿的语言表达能力；在手工制作、游戏中鼓励幼儿和同伴一起完成手工作业，培养幼儿的合作能力；在体育运动中鼓励幼儿不怕挫折、努力争胜，培养幼儿提升自我评价，对挫折勇敢面对的品质。要结合自身的保教经验，把理论知识和现实经验联系起来，促进幼儿的心理健康。

## 三、幼儿心理健康教育活动的方法

### 1. 用多种教育形式对幼儿进行心理健康教育

（1）组织课堂教学，有目的、有计划地利用故事，儿歌、讲述、谈话、情景表演，PPT 组图等手段。由于幼儿不具备心理健康知识，更意识不到一些不健康的心理所产生的严重后果。因此，教师应通过组织课堂教学活动，让幼儿清楚哪些是不健康的心理表现，还要让他们明白应该怎么做是对的。课堂教学形式多种，要因内容而定。如对在幼儿当中比较突出，带有以自我为中心，不懂谦虚，不会分享的心理，就可以采用情景表演和集体教育形式，由师生共同参与表演错误的行为方式，然后通过共同讨论让幼儿知道应该如何去做，让幼儿更好地内化心理健康教育的内容。

（2）通过组织各种游戏活动，在实践中让幼儿多参与、多锻炼。对幼儿的心理健康教育不能仅仅停留在认识上，应该着眼于幼儿的情感体验和形成健康行为。而游戏活动能最大限度地满足幼儿内在的需求。因此，这就需要教师有的放矢地安排一些含有心理健康教育元素的游戏活动，让幼儿多参与锻炼，让他们通过情感体验和亲身感受受到教育。比如在户外游戏活动方面，教师可以安排一些大型活动和集体活动，这样孩子们的交流能力和协作精神就会得到锻炼。在体育游戏方面，“抢占阵地”“走独木桥”等游戏，可以培养幼儿大胆、勇敢、不怕困难的性格。

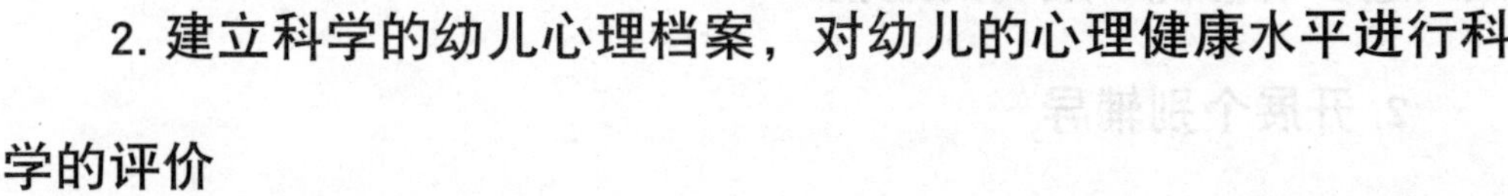

**2. 建立科学的幼儿心理档案，对幼儿的心理健康水平进行科学的评价**

反思幼儿心理健康教育的得失，不仅有助于教师及时发现、研究和解决幼儿心理发展过程存在的问题，还有助于提高教师的专业化水平，有利于增加教师对幼儿心理健康教育的经验，使教师充分了解每个幼儿在不同时期的心理状况，便于更好地教育幼儿。

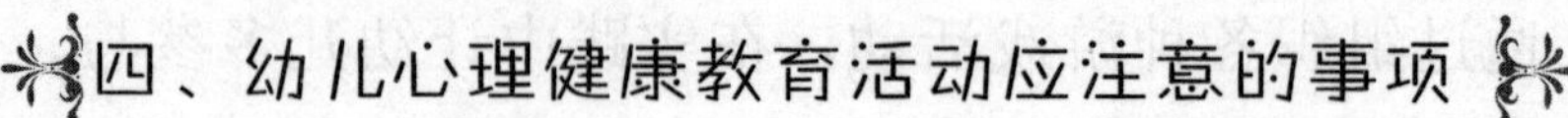

## 四、幼儿心理健康教育活动应注意的事项

### 1. 充分发挥儿童的主体作用

教师在组织幼儿心理健康教育活动时，应努力做到面向全体幼儿，让每一个幼儿都以积极的态度投入活动，成为学习的主人，而不应该以陪客或旁观者的身份出现。使每个幼儿都成为主动学习的探索者。在指导中，教师要根据每个幼儿的个人情况，提出不同的要求，让每一个幼儿能在自身原有的基础上得到提高，尝试到进步的喜悦，成功的经验。

### 2. 开展个别辅导

每个儿童都是独一无二的，幼儿之间在生理和心理上存在个体差异。因此，对个别幼儿进行单独辅导，是取得心理健康教育实效的有效方法。教师应该注意观察每个幼儿的表现，对无法理解活动内容的幼儿进行沟通、教育，使幼儿在心理健康教育的过程中，不掉队，不遗漏。

### 3. 公正地对待每个幼儿

教师应该公平地对待每一个幼儿，因为在幼儿眼中，教师就是幼儿的榜样，幼儿对教师是绝对信任和服从的。教师不应该辜负幼儿的信任，不论幼儿的出身、性别、性格、长相、聪明或调皮，都应该一视同仁，接纳他们的优点和缺点。公平地对待每一个幼儿，是对幼儿进行心理健康教育活动的前提。

**4. 欣赏，鼓励每个幼儿**

对待幼儿，教师应该充满信心，要经常用肯定的语气，欣赏的眼光去看待每一个幼儿。善于发现幼儿身上的优点，对于幼儿取得的点滴进步，哪怕只是微小的一点也要不吝言辞地表扬他们。发扬光大他们的优点，使幼儿获得健康全面发展。

总之，幼儿的心理健康是由多种行为活动，多方面影响形成作用的结果。这就决定着幼儿的心理健康教育必须通过幼儿生活的各个方面协同培养。而各种活动中蕴藏着丰富的心理健康因素，教师在制定活动目标时，要仔细分析教材，领会内涵，努力挖掘其中关于心理健康教育的内容，充分体验一个活动，多种目标的原则。在活动中增加、培养幼儿的团队合作能力，自主自立能力。提倡幼儿在活动中交往，提高幼儿的社会适应能力，促进其人格健康成长。充分调动儿童的积极性和参与性，让每个儿童都成为活动的主角。

## 第二节 幼儿不同学段心理状况的分析及教育模式

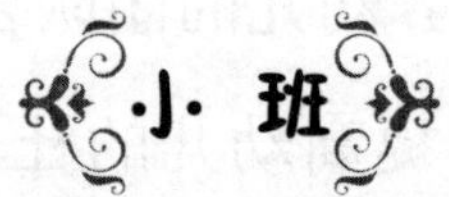

### 小 班

小班幼儿的年龄在 3 － 4 岁，这一阶段幼儿的心理状况如下：

#### 1. 行为明显受情绪支配

小班幼儿的行为受情绪支配作用大，他们的情绪仍然很不稳定，容易冲动，常会为了一件小事大哭大闹。但是较之 3 岁儿童，他们已开始产生调节情绪的意识，但在实际行动上尚不能真正控制。

小班幼儿仍然十分依恋父母和老师，尤其需要得到亲近成人的微笑、拥抱、拍拍、摸摸等肌肤相亲的爱抚动作。在幼儿园能感受到老师的关怀程度，会说："× 老师喜欢我，× 老师不喜欢我。"愿意和喜爱的教师接近，在喜爱的教师身边，往往情绪愉快，行动积极。

### 2. 对他人的情感反应敏感性增强

小班幼儿移情能力有了很大的发展，他们开始能站在他人的立场上感受情境，理解他人的感情。看见生病的同伴、摔跤的弟妹会表示同情，在老师启发下，会作出安慰、关心、帮助等关心他人的行为。

小班幼儿对别人的意见、别人感情的反应敏感性增强，当做错事受到成人批评时，会感到害羞、难为情。在羞耻感的体验和发现上，女孩比男孩更为明显。羞耻感的出现，为儿童遵守集体规则提供了动力基础。

### 3. 开始认同、接纳同伴与教师

小班幼儿社会交往范围有了很大的拓展，从家庭成员扩大到老师。他们会经常主动地拉拉老师的衣服，以动作引起老师的注意，表达对老师的亲近和与老师交往的意愿。他们开始认同、接纳同伴，但并不太在意同伴间的协作，往往只是各玩各的。只有在宽松的户外活动时，才会相顽追逐、奔跑、喊叫，以动作活动的方式开展有联系的交往。小班后期，孩子与同伴共同玩的意识

加强。逐步学会和同伴共同分享玩具。此期儿童也爱管同伴的事，经常把同伴的事告诉成人。

#### 4. 具有强烈的好奇心

小班幼儿对周围世界充满浓厚的兴腰趣，对新鲜事物具有强烈的好奇心，喜欢向成人提出各种各样的问题，虽然这些问题十分肤浅、幼稚，但对他们理智感、求知欲的发展有极大的启迪作用。此时儿童开始能以认真的态度对待成人所教之事，并有动手尝试的愿望。比如，拿到新玩具时，既喜欢操作摆弄，同时也能认真看、听成人讲解，并试着改变玩法。看到新奇的事物会主动接近，探索其中的奥秘。

#### 5. 认识很大程度依赖于行动

小班幼儿的认识活动基本上是在行动过程中进行的，并且易受外部事物及自己情绪的影响，无意性占优势。他们的注意很不稳定，易受外部环境的干扰。由于有意注意水平低下，儿童观察的目的性较差，缺乏顺序性和细致性，不会有意识地识记某些事物，只有那些形象鲜明、具体生动、能引起强烈情绪的事物才易记住。

小班幼儿的思维大多由行动引起，一般先做后想，或者边做边想，不会思考好以后再做。他们的认识具体，只能根据外部特征来认识与区别事物，思维缺乏可逆性与相对性，因此不能理解反话。

**6. 能用简单语言表达自己的感觉与需要**

小班的孩子是语言发展的飞跃期，他们基本熟练使用本地区语言，但在实际说话时发音还不够准确。同时他们的词汇虽增加也很快，尤其是实词增长更为迅速。幼儿已能用简单的言语与成人、同伴交往，向别人表达自己的感受和需要，还叙述生活中的事，只是在独白时很不流畅，带有很大的情景性。这时的儿童特别爱听故事，常常缠着父母在空闲时间讲，还喜欢一边听，一边学故事中小动物有趣的动作和叫声。

**7. 产生了美术表现的愿望**

3 岁左右的儿童，美术能力的发展由涂鸦期进入到象征期。他们产生了美术表现的意愿，会把线条、图形加以简单地组合来表现事物的大致特征，但是他们能表达的图形很少，所以一形多义是儿童作品的主要特征，相似的图形在儿童不同的作品中可能表现为许多物体。他们作画时，常常边画边用语言来补充画画内容。

**8. 喜欢音乐表现，能唱简单歌曲**

小班幼儿喜欢学唱歌，尤其会对那些富有戏剧色彩的，情绪热烈的歌曲产生很大的兴趣，会反复跟着唱。他们也会试着打出节奏，虽然并不准确合拍，但是表明他们已经开始学着控制自己的动作进行表达。这时期的幼儿一般都能唱几首简单歌曲，有的甚至会即兴哼唱一些旋律和短句，然而哼唱的歌曲曲调带有很大

的模仿性。

### 9. 记忆以无意识记忆和机械记忆为主

小班幼儿的机械记忆占优势，所以不要以为他们会背就是懂了。比如有的孩子会背几首唐诗，可是一旦问幼儿："你念的是什么呀？""这首唐诗是什么意思？"幼儿就往往说不出来了。所以这时候教师要掌握幼儿的记忆特点，让幼儿记忆的东西要尽量形象，是他们感兴趣的，而不是仅仅满足于会背。

### 10. 自我意识开始出现

小班幼儿能区分"你、我、他"，但不会区分自己和他人的需求。他们的情感、行为的冲动性强，自制力差，往往不能与人友好合作，常发生纠纷，需依靠成人的指导及协调交往。他们社会性的发展既受年龄因素影响，又存在较为明显的个体差异。

3 — 4 岁的孩子刚进入幼儿园，进入一个新的环境，第一次过集体生活，所以他们十分不适应。这时候的幼儿处在心理成长发展的关键期，自我调节水平很低，自我意识还处在萌芽的阶段。这时候对他们进行心理健康教育，可以为他们以后进入中班、大班的生活做好准备，更重要的是为以后的心理健康成长打下良好的基础。这时候教师应该跟幼儿建立良好的师生同伴关系，热爱、关注幼儿，并利用集体活动的机会，帮助幼儿建立集体生活的意识，引导幼儿建立友好的同伴关系，让幼儿在集体生活中感到温暖，心情愉快，形成安全感、依赖感。老师要尊重、信任幼儿，成为幼儿活动的支持者，不随便斥责幼儿，并允许幼儿有一定的犯错空间，保护孩子的自尊，使幼儿在平等、和谐的环境下活动。创建适宜幼儿发展的物质环境，注意个体差异，进行个别辅导，注意利用游戏活动开展心理健康教育，培养幼儿形成活泼开朗的性格。

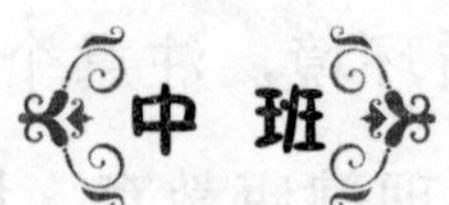

## 中 班

中班幼儿的年龄在 5 岁，这一阶段幼儿的心理特点如下：

**1. 活泼好动**

与小班幼儿相比，中班幼儿的动作进一步发展，活动能力增强，喜欢跑、跳、攀、钻等各种活动。游戏内容更加丰富，有一定的情节，游戏中能与他人合作。

**2. 辨别是非能力增强**

中班幼儿能遵守一定的规则，具有初步自我控制的能力，咬人、打人现象比小班时明显减少。中班幼儿在成人的帮助下，还具有一定辨别是非的能力，所以当看见别人的不良行为时，爱向父母和老师告状。

**3. 思维以具体形象为主**

如果问孩子："4 与 2 相比谁多谁少？"有些孩子摇摇头说不知道，但如果问："4 个苹果与 2 个苹果相比谁多谁少？"则会回答 4 个苹果多。这是因为 4 和 2 这两个数字是抽象的概念，难以理解，而 4 个苹果和 2 个苹果，则变得具体形象了。如果问："2

个苹果加 2 个苹果是多少？”孩子会说不知道。但是当你问“2 个苹果再添上 2 个苹果是多少？”孩子一定说是 4 个苹果。

**4. 好提问题**

中班幼儿虽然已经具有一定的认识能力，但是经验少，智力处在迅速发展阶段，对周围事物非常好奇，因而总爱提问题。如：“小鸟为什么会飞呢？”“星星离我们有多远？”“小狗有妈妈吗？”

**5. 口语发展迅速**

中班幼儿已掌握了口语的基本语法和 2000 个左右的词汇，能叙述一件事情的经过，能用语言向教师提出要求。尤其是语音能力发展很快，是培养正确发音的关键期。

**6. 同伴交往需求与能力的发展**

中班幼儿开始需要更好的社会性发展氛围。幼儿的联系性游戏逐渐增多，游戏水平不断提高。为幼儿社会交往能力的发展提供了一定的条件，游戏能力与水平都有很大的发展，与同伴的合作性也显著提高。

**7. 幼儿活动持久性的增加**

中班幼儿的心理活动水平有了很大的发展。他们在一项活动中的持久性、目的性和专注性都有了很明显的提高。这种持久性是在幼儿感兴趣的游戏与活动中更容易实现。

### 8. 对新奇的事物感兴趣

此时的幼儿，能够积极地运用自己的各种感官，对周围的世界进行探索，有了了解周围世界的天生好奇心和求知欲。开始寻找周围事物之间的联系，常常对周围事物进行类比，往往依靠事物的形象做支柱，与周围的人或实物相互作用，尝试解决问题的方法。

### 9. 具有丰富、生动的想象力

中班幼儿富于想象力，但还难以分清假象和现实，他们常常会把看到的内容融入自己的想象。例如当幼儿在阳台上往下看，成人会提醒他们注意，他们会说“没关系，我会飞”等等。他们还喜欢假装做什么，常和想象中的伙伴一起玩。他们有时会“撒谎”，但不是真正意义上的撒谎，只是用想象代替真实。

### 10. 通过手、口、动作、表情进行表现

中班幼儿相比小班幼儿，更喜欢唱歌，他们会拍打比较容易的节奏，能说出至少6～8种颜色，喜欢涂涂画画和使用橡皮泥创造出一些形状和体品。这一时期的幼儿在表达自己的想法时，经常要用手势、表情一起帮助表达自己的想法。

针对中班幼儿的特点，教师在对幼儿设计心理健康活动时，需要为幼儿提供更为丰富充实的活动空间。扩大幼儿的活动范围，使幼儿活动的积极性得到更大的提高。进一步发展幼儿活动的主动性，让他们提出自己的活动想法，有主动参与活动的热情与能

力，能努力完成自己选择的活动。增加幼儿的社会交往能力，与同伴的合作的能力。提高幼儿的想象力和具像思维的能力，在设计活动时，可以多设计便于操作的探索性活动，增加幼儿的动手能力。教师可以在活动中向幼儿多提一些问题，并试着让幼儿自己解决问题，培养幼儿的推理判断能力，增加幼儿的成功经验，树立自信心。

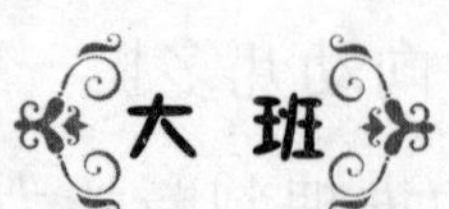

## 大班

大班幼儿的年龄在 6 岁，这一阶段幼儿的心理状况如下：

### 1. 自我评价能力逐步发展

5 岁以后，儿童的个性特征有了较明显的表现，其中最突出的是儿童自我意识的发展。这一时期儿童自我意识的发展主要体现在自我评价的能力上。儿童的自我评价从依从性评价向独立性评价发展，他们不再轻信成人的评价，当成人的评价与儿童的自我评价不一致时，他们会提出申辩。同时，儿童的自我评价开始从个别性评价向多面性评价发展，例如；大班儿童在评价自己时会说："我会唱歌跳舞，但画画不行。"

### 2. 情感的稳定性和有意性增长

6 岁儿童的情感虽然仍会因外界事物的影响而发生变化，但他们情感的稳定性开始增强，大多数儿童在班上有了相对稳定的好朋友。儿童开始能够有意识地控制自己情感的外部表现，例如，摔痛了能忍着不哭。此时，由社会需要而产生的情感也开始发展；例如当自己的表现或作品被忽视时会感到不安。而当让他们照顾比自己小的孩子时会表现得很尽职。

**3. 自理能力和劳动能力明显提高**

这一阶段的儿童在生活自理方面较前更独立了，他们能选择喜欢的、适合自己的衣服，能用筷子吃饭、夹菜，也能不影响别人而安静地入睡。

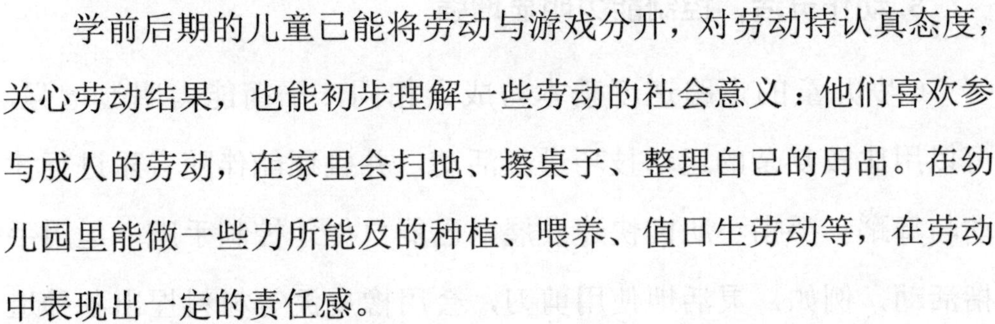

学前后期的儿童已能将劳动与游戏分开，对劳动持认真态度，关心劳动结果，也能初步理解一些劳动的社会意义：他们喜欢参与成人的劳动，在家里会扫地、擦桌子、整理自己的用品。在幼儿园里能做一些力所能及的种植、喂养、值日生劳动等，在劳动中表现出一定的责任感。

**4. 合作意识逐渐增强**

在相互交往中，该年龄段的儿童开始有了合作意识。他们会选择自己喜欢的玩伴，也能与三五个小朋友一起开展合作性游戏。他们逐渐明白公平的原则和需要服从集体约定的意见，也能向其他伙伴介绍、解释游戏规则。比如，在小舞台表演游戏中几个小朋友能一起分配角色、道具，能以语言、动作等进行表现，并有一定的合作意识。

**5. 规则意识逐步形成**

大班儿童的规则意识逐步形成，他们开始学习着控制自己的行为，遵守集体的一些共同规则，例如，游戏结束了要把玩具整理好放回原处，上课发言要举手等。大班后期的儿童特别喜欢有规则的游戏，像体育游戏、棋类游戏等。对在活动中违背规则的行为，儿童常常会“群起而攻之”。但这一时期的儿童对于规则的认识还没有达到自律。规则对儿童来说还是外在的，因此，儿童在规则的实践方面还会表现出自我中心

**6. 动作灵活，控制能力明显增强**

6岁儿童的走路速度基本与成人相同，平衡能力明显增强，可以用比较复杂的运动技巧进行活动，并且还能伴随音乐进行律动与舞蹈。手指小肌肉快速发展，已能自如地控制手腕；运用手指活动，例如，灵活地使用剪刀，会用橡皮泥等材料捏出各种造型等，还能正确地使用画笔、铅笔进行简单的美工活动。

**7. 爱学、好问，有极强的求知欲望**

学前后期的儿童对周围世界有着积极的求知探索态度，他们不但爱问：“是什么？”还想知道：“怎么来的？”“什么做的？”儿童还常常会提出这样的问题：“为什么月亮会跟着我走？”“鱼儿为什么能在水里游？”“电视机里的人怎么会走路、说话？”有的儿童喜欢把玩具拆开探索其中的奥秘。儿童开始对自然现象的起源和机械运动的原理等产生兴趣，渴望得到科学的答案。

**8. 阅读兴趣显著提高**

大班幼儿不但对图书的阅读兴趣浓厚，能较长时间地专心看

书，对内容的理解能力也较强，而且开始对文字产生兴趣，当他们在书中看到自己认识的汉字会非常兴奋，还常常让大人教他们写字，识字的积极性很高，记忆力也很强。他们还常常在自己的作品上留下自己的名字，到了大班下学期，儿童会聚在一起观看图书，并带猜测地念出书中的文字。

**9. 能根据周围事物的属性进行概括和分类**

随着抽象逻辑思维的发展，大班儿童能开始根据事物的本质属性进行初步的概括分类。然而由于受知识、语言、概括能力水平的制约，这一阶段的儿童对类概念的掌握还是比较简单的，还不能掌握概念的全部含义，缺乏掌握高一级别抽象概念的能力，在概括归类时难免会出现一些概念外延的错误。

**10. 创造欲望强烈**

由于幼儿这时运动能力的发展，双手的灵活，使得幼儿操作物品的能力大大提升。他们越来越喜欢那些灵活多变，能发挥他们创造力的玩具。他们能长时间关注探索物体的多种玩法，还会几个人合作搭建玩具。大班幼儿还对创造儿歌感兴趣，他们会为自己作的画，自己的手工作品配上儿歌，想象出他们自己想要的玩法。

**11. 表达方式多样化**

大班幼儿的表现欲望强烈，他们已经会用多种方法表达自己

的想法和愿望。例如在音乐活动中通过歌舞、乐器、语言等方式表达自己对音乐的理解；在手工活动中会用多种方法完成手工作业；在绘画活动中会用多种工具进行绘画创作。

### 12. 初步理解周围世界中比较隐蔽的因果关系

大班幼儿开始能从内在的隐蔽关系来理解各种现象的产生。例如，在解释乒乓球从倾斜的积木上滚落时，他们会说因为乒乓球是圆形的，积木是倾斜的，所以会滚下来。说明幼儿已经能从课题的形状和课题的位置之间寻找到因果关系。但是由于周围世界中，形成因果关系的规律比较复杂，所以对于复杂的因果关系幼儿还是不能完全理解。

教师为大班幼儿设计心理健康活动时，可以利用他们已经有自我评价能力的特点，让幼儿发起讨论，让他们自己评价自己在活动中的表现，说出自己的心得感受。由于这时候的幼儿，情感的稳定性和自我理解能力显著提升，并且劳动能力也有显著提升，教师可以让幼儿做一些力所能及的事情，让他们有限地参与成人的劳动，培养幼儿的集体责任感。也可以在活动设计时增加一些科学知识，通过幼儿查资料，翻看百科全书的方式找到答案，完成课程。让幼儿自己找到答案，加深幼儿的印象。设计幼儿遵守规则的课程，帮助幼儿理解遵守规则的重要性。鼓励幼儿多参加一些课外活动或兴趣班，让幼儿能充分发挥自己的创造力和想象力，使幼儿多方面的才艺得到发展，为长大成才铺下坚实的基础。

# 第五章

## 幼儿心理健康教育活动典型案例

对幼儿实施心理健康教育的目标在于，培养幼儿良好的情绪，安全与亲密的人际关系，对于周围世界怀有积极主动，自信独立，情绪稳定，乐于交往的心理素质，能以求知的愿望和积极的心态去面对。这些心理品质包含在认知、个性、适应性中。在本章中，我们通过幼儿心理发展的角度，设计了一些案例与活动，这些设计以《幼儿园教育指导纲要（试行）》为依据，内容包括活动案例的设计思路，活动方案，活动的总结和思考等部分。为教师们提供幼儿心理教育的参考，也可以为教师的教学案例提供借鉴。通过活动达到教育幼儿，保护幼儿心理健康，让幼儿在生活和游戏中受到教育。毕竟幼儿心理健康教育的目标不是一两次教学活动就能达到的，将讲义融入游戏，融入幼儿生活，才能达到强化心理健康教育的目的。

# 主题一

## 小花猫的迷惑——幼儿抗拒诱惑能力的培养

好奇心是幼儿的天性之一，面对诱惑，幼儿总是忘记或看不见危险，难以抵挡好吃的，好玩的事物，甚至将这些东西据为己有。本次活动案例的目的就是要增加幼儿抗拒诱惑的能力，当幼儿面对诱惑时，使他们能够控制自己的占有情绪，抑制冲动，保持一定的克制能力。增加幼儿的自律性，也是形成其良好心理健康的保证。

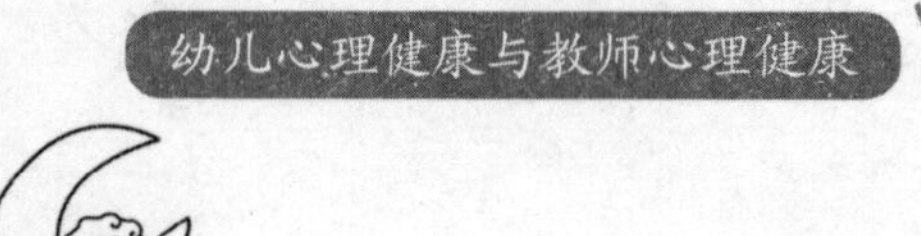


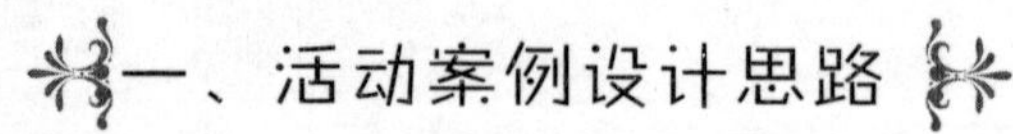

## 一、活动案例设计思路

**【活动设计意图】**

《幼儿园教育指导纲要（试行）》社会领域的指导要点是：“在共同的生活和活动中，以多种方式引导幼儿认识、体验并理解基本的社会行为规则，学习自律和尊重他人。”

幼儿看到别人的书包好看，就想去看看里面到底有什么东西；看到别人在玩玩具，就放下自己手中的玩具，去玩别人的玩具；在超市看见新奇的、好玩的东西就要求大人买，不买就哭闹不走；这些都是幼儿分辨能力差、理解能力不足、情绪易冲动、社会经验不足的表现，这些表现也都是与外界的诱惑有关。本次活动案例就是为此设计的一系列教育活动，由故事引入，通过小花猫面对诱惑时候发生的一些危险的活动，让幼儿了解面对诱惑，可能有许多潜在的危险，让幼儿作出正确的选择，增加拒绝诱惑的经验。

**【活动准备】**

a. 故事图片《小花猫的迷惑》。

b. 小花猫的头饰，狐狸头饰。

c. 玩具若干。

【活动目的】

通过情景教学法，首先通过故事阅读，让幼儿了解小花猫面对的诱惑和潜在的危险，每一次面对的诱惑是什么？每一次被诱惑后的危险又是什么？再通过角色扮演的过程，使幼儿进一步体验面对诱惑时的感受，拒绝诱惑时的矛盾心理，从而深化幼儿的感受，学习如何抵抗诱惑。最后让幼儿在“互相借玩具”环节中，练习和增强抵抗诱惑的能力，让幼儿作出更正确的选择。

【活动过程】

本次活动过程可以分为三个部分，通过小花猫被狐狸诱惑的过程，表演并体验小花猫的各种情绪行为，练习拒绝诱惑。并通过延后环节“互相借玩具”，让幼儿自己体验加深对诱惑的抵抗能力。

a. 通过小花猫面对诱惑时候发生的一些危险的活动，让幼儿了解诱惑背后的危险。

本部分内容围绕故事《小花猫的迷惑》，根据小花猫被狐狸欺骗的过程，让幼儿了解每次小花猫面对的诱惑是什么？小花猫有没有经受住诱惑的考验？没有经受住诱惑的危险是什么？让幼儿面对诱惑时作出正确的选择。

b. 角色扮演小花猫，让幼儿身入其境地体验小花猫的选择。

幼儿扮演小花猫，当小花猫在面对狐狸的诱惑时，激发幼儿的拒绝行为，使幼儿对诱惑说“不”。

c. 环节“互相借玩具”，加深对诱惑的抵抗能力。

幼儿的认知需要与行为结合，通过“互相借玩具”环节，可以将讲义融入游戏，表扬鼓励做得好的小朋友，强化本次活动内容。

## 二、活动方案

**【活动目的】**

a. 理解故事中小花猫面对狐狸诱惑时的危险，增加幼儿自律性，拒绝诱惑。

b. 在角色扮演中表达拒绝诱惑的行为。

c. 学习通过互相借玩具表达自己的自律性，对快乐的分享。

**【活动过程】**

a. 教师出示图片故事《小花猫的迷惑》，讲述故事。

教师：“小朋友们，我们今天要讲一个小花猫的故事。请小朋友们在听故事的时候注意思考小花猫都做了什么？她做得对吗？”

教师讲完故事再提出问题，狐狸都对小花猫说了什么？小花猫又是怎么做的呢？教师可以发动小朋友们进行讨论，聆听小朋友们的发言并总结，告诉小朋友：如果小朋友们像小花猫们一样，经不住诱惑，作出错误的选择，可能会被坏人欺骗，给自己带来危害，必须认识到诱惑背后的危险，拒绝诱惑很重要。

b. 角色扮演活动，让幼儿自己表演体验抵抗拒绝诱惑的行为。

教师："现在请小朋友们来做一个游戏，老师给每个小朋友都发了一个小花猫的头饰，小朋友们可以戴在头上，由小朋友们来扮演小花猫，老师来扮演狐狸。我们一起来表演，看看小朋友们都能不能经受狐狸的诱惑呢？"

表演第一环节，教师戴上狐狸头饰，模仿故事中的狐狸，来询问小朋友："小花猫啊小花猫，妈妈不在家，你的家里什么好吃的东西都没有，肚子一定饿了把？你过来我这里，我有一颗最甜最好吃的糖果，我送给你吃把。"小朋友："我不要你的东西。"教师又说："那我只好给隔壁的小黑狗吃了，我的糖果最好吃，小黑狗最喜欢吃了。"小朋友："我不要你的东西。"教师将糖果放到桌子上，再次说："唉呀，这里是谁掉了糖果？这种糖果一看就是很甜的，小朋友们不要吃么？"小朋友："我不要吃你的东西。"

表演第二环节，教师更换物品，用饼干、玩具等诱惑小朋友拿取，如果有小朋友拿取则视为被狐狸诱惑，并停止游戏。

c. 延后环节"互相借玩具"，让幼儿自己体验加深对诱惑的抵抗能力。

教师："小朋友们，老师这里有很多好玩的玩具，小朋友们可以过来领取。但是玩具数量有限，在小朋友玩的时候别的小朋友来借，小朋友们要能够与别的小朋友一起分享，要能跟别的小

朋友一起玩玩具，好的玩具要能够与好朋友一起玩才会更快乐。”

## 三、活动的总结和思考

**【本次活动的总结和延伸】**

a. 通过故事《小花猫的迷惑》、角色扮演、互相借玩具等活动让幼儿了解诱惑背后的危险，感受面对诱惑时的心理体验，作出正确的选择，拒绝诱惑，保护自我安全，增加自律性，不做诱惑的奴隶。

b. 游戏活动“我们都是木头人”。

活动过程：老师弹奏音乐，幼儿在音乐的指引下进行各种活动。当教师音乐停止时，幼儿也立刻停止活动，并保持当时的动作。看谁先动即视为犯规，由犯规的小朋友唱歌表演节目，表演结束即可再次进行游戏。

**【幼儿拒绝诱惑能力培养的思考】**

a. 重视幼儿体验式的学习。

通过讲故事的方式可以调动起幼儿的学习兴趣，幼儿在听故事的时候，语言能力可以得到提升，从故事的情节中还可以了解拒绝诱惑的重要性。教师要在读故事的时候注意语言起伏，让幼儿体验故事中人物情绪的变化，引起幼儿的兴趣，加深理解。而故事表演和后续的环节可以帮助幼儿更加深刻地理解和体会，加深自己的印象。教师要注意幼儿的回答与表现，根据幼儿的表现调整教育的方法，对于理解能力强的学生可以多采取道理讲述的方式，对年龄小的幼儿，理解能力不够强，教育的时候应多采用诱导幼儿自己说出答案的方式，引起幼儿的兴趣。

b. 自律性的培养。

幼儿的自律性能力是一种心理成熟的标志，幼儿在自律的过程中可以增加等待、谦让、不受诱惑等能力的培养。教师可以抓住生活中的契机，培养幼儿的自律性能力，可以增加幼儿从根本上抵抗诱惑的能力。

c. 适当地满足幼儿的合理需求。

幼儿天性好奇，喜欢好吃的、好玩的东西。教师和家长在平时的生活和教学中，在充分提供幼儿营养生活必须品的前提下，可以不断地变换花样，满足幼儿的好奇心和挑战欲。

**主题二**

## 小羊宝宝——幼儿自信心的培养

自信心是幼儿个性心理品质的重要方面，是幼儿对自身能力的认识和评估，对自我价值的一种认可。自信的幼儿善于表现自己,相信自己的能力,喜欢寻求别人对自己的赞许。即把“我能……我可以……我会”做到最好，是幼儿自信心的核心要素。

目前，我国已经把发展和强化幼儿的自我价值感，增加其自信力作为学前教育的一大课程。本次活动的目的就是着力培养幼儿自信心的培养，增强幼儿的自信心。

## 一、活动案例设计思路

**【活动设计意图】**

《幼儿园教育指导纲要（试行）》要求："为每个幼儿提供表现自己长处和获得成功的机会，增强其自尊心和自信心。"将"能主动参与各种活动，有自信心"作为幼儿在社会交往中的培养方向，所以增强儿童的自信心，使儿童能主动表现自己，表示自己的主观意愿有着重要作用。教师应让幼儿运用自己的方式参与活动，并为幼儿提供丰富多彩的活动，让幼儿在活动中寻找快乐，体验成功，培养和增强自己的自信心。

有一些幼儿在幼儿园刚开始过集体生活时，不敢在班级里大胆表现自己，不善于和同学交流，不敢参与集体活动，这都是幼儿缺少自信心的一些表现。一方面，幼儿的生活环境发生了变化，让他们感到不适应，产生了心理压力，约束了自信心的发展。另一方面，幼儿的认知能力还不够健全，并不清楚自己的能力状况。对自己能在班级里做什么事不了解，能否完成教师交给的任务也导致了自信心的下降，所以在幼儿园进行自信心培养的活动是十分必要的。

【活动准备】

羊妈妈头饰，羊宝宝头饰。

【活动目的】

通过情景教学法，由教师扮演羊妈妈，幼儿扮演小羊宝宝，由教师带领全班同学进行游戏。通过在游戏中教师与幼儿互动，以及幼儿与幼儿之间的互动，让小朋友们大胆地参与游戏中，参与集体活动中。以游戏的方式让幼儿感受到快乐，在游戏中学会如何介绍自己，认识新的朋友。

【活动过程】

a. 教师扮演羊妈妈，带领小羊宝宝们活动。

教师："小朋友们，今天我们来做一个游戏，老师来扮演羊妈妈，小朋友们来做小羊宝宝，大家都要来踊跃参与好么？"教师戴上羊妈妈的头饰，让小朋友们全体参与游戏中来。教师可以通过表扬表现好的小朋友，带动全体幼儿更加主动积极地参与游戏中，制造一个轻松自由的游戏氛围。

b. 让小朋友互相介绍自己，增强幼儿间的互动。

教师引导幼儿在游戏中进行简单的自我介绍，不善于表达的幼儿教师可以多加鼓励，让幼儿大胆地表现自己。可以通过让幼儿在发言时都用"我是×××"的句式，让幼儿之间的互动更加的主动，表达清楚自己的意图。教师可以对自信心水平较低的幼儿单独进行训练，进行个别指导。在幼儿互相交流时教师应在一

旁观察指导，及时进行有针对性的帮助。

## 二、活动方案

【活动目的】

a. 让幼儿都能参与到游戏当中，乐于参与集体活动。

b. 在游戏中让幼儿学会简单地介绍自己，大胆表达自己的意愿。

【活动过程】

a. 教师戴上羊妈妈的头饰，引入本次活动的主题。

教师："小朋友们，现在老师是羊妈妈了，同学们有谁想当小羊宝宝，跟羊妈妈一起游戏的么？请愿意的小朋友踊跃举手，老师会给羊宝宝发一个小羊宝宝的头饰。"

幼儿举手报名后，教师可以请表现积极的小朋友说出自己的名字，并要求别的小朋友都用"大家好，我是×××"的句式来向其他小朋友介绍自己，介绍完成后发给小朋友小羊宝宝的头饰。

b. 进行游戏羊妈妈找羊宝宝。

全体小朋友手拉手围成一个大圈，教师站在大圈中间，由教师随机选取小朋友提问："你好，我是羊妈妈，你是我的哪个羊宝宝啊？"或者教师蒙上双眼，通过触摸的方式找到小朋友。请

小朋友用“我是×××”的句式回答问题，对回答得好的小朋友发给小红花鼓励。

在进行该游戏时，教师要注意开导，让平时不爱发言的小朋友多参与，积极发言。

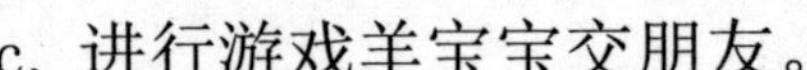

c. 进行游戏羊宝宝交朋友。

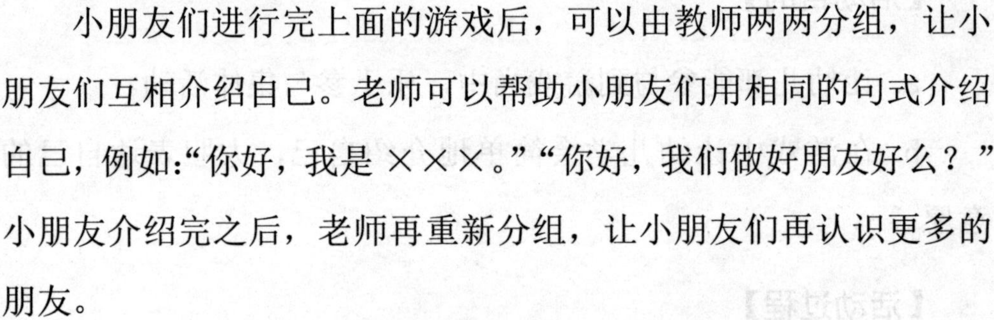

小朋友们进行完上面的游戏后，可以由教师两两分组，让小朋友们互相介绍自己。老师可以帮助小朋友们用相同的句式介绍自己，例如:“你好，我是×××。”“你好，我们做好朋友好么？”小朋友介绍完之后，老师再重新分组，让小朋友们再认识更多的朋友。

## 三、活动的总结和思考

**【本次活动的总结和延伸】**

a. 在游戏中让幼儿互相介绍和认识，可以让幼儿感觉处在一种自由、安全、宽松的环境中。在这种氛围中，幼儿更容易建立起自信心，使幼儿拥有更多的主动性，更大胆，更乐意与他人接触。

b. 更好地鼓励和激励幼儿。幼儿的自我评价往往依赖于成人，更多的鼓励与激励，就是最好地建立幼儿自信心的方法。教师可以通过更多的鼓励和激励，帮助那些不能很好地融入集体生活的幼儿，使他们能正确地认识自己的能动性，形成“我能行”的积极的情感积累。国外的心理学家曾经做过统计，认为成功的童年对幼儿一生的自信心都有积极的影响，所以要从幼儿童年时代就鼓励他们，建立起成功的经验，使得幼儿更有自信心。

c. 提高幼儿独立做事，学习的能力，让幼儿在家也能自主地玩耍，增加幼儿正确做事的能力，提升幼儿自信心的形成。

**【其他参考游戏】**

a. 教师可以每天轮流安排幼儿值日，在班上选择社交能力强，爱发言的小朋友，可以给别的小朋友起带头领导作用。在幼儿胳膊上戴上值日的标志，发扬好人好事的精神，监督别的小朋友玩玩具时候，不要乱扔乱放。这样让不管是值日的幼儿还是被帮助的幼儿都可以增进与别人的接触，增强自信心的形成。

b. 我的本领大。

全班小朋友互相讨论，向大家介绍自己平时在家里都做些什么，能做些什么。使得幼儿在互相介绍的时候增进交流，加强幼儿的自信心。

## 主题三

# 观察大蒜——幼儿观察能力的培养

观察是人类学习的一种重要方式，是有计划、有目的的视觉活动，是人通过感觉器官有目的地认识周围世界的过程。我们经常听到幼儿说："老师，我看到树上有一只小鸟。""这朵花长得真漂亮。"，这些都是幼儿在观察周围世界时的发现，是幼儿认识世界，增长知识的重要开端。因此，俄国生理学家巴普洛夫就曾经提出："观察，观察，再观察。"

## 一、活动案例设计思路

**【活动设计意图】**

幼儿从出生起，就在积极地向周围世界探索。《幼儿园教育指导纲要（试行）》说道："儿童对周围世界充满强烈的好奇心。"有的幼儿总是向成人提出"这是什么？""为什么这样？"等问题，这就是幼儿观察世界的过程。

本节活动遵循《幼儿园教育指导纲要（试行）》中的要求："既要适合幼儿的现有水平，又有一定的挑战性；既符合幼儿的现实需要，又有利于其长远发展。"通过对大蒜抽苗过程的观察，调动幼儿观察的积极性，培养幼儿从小观察的习惯，增强幼儿的观察力。

**【活动准备】**

a. 种在土里，沙子里，水里的三组已经抽芽的大蒜。

b. 活动记录表，铅笔。

**【活动目的】**

通过情景教学法，首先教师要提前种好大蒜，等到大蒜发芽时候提供给幼儿观察。教师示范对比幼儿观察的方法，并准备好活动记录表和铅笔，记录并分类三种情况下的大蒜。引导幼儿从

大蒜的根茎、抽芽的高度来观察大蒜，逐一观察后记录在记录表上。教师在过程中观察幼儿的表现，对幼儿的表现进行总结点评。

【活动过程】

a. 出示已经抽芽的大蒜，通过提问引出本次活动。

教师可以通过提问幼儿的方式，发起讨论，让幼儿讨论大蒜一般都种在哪里？除了土里还能种在哪里？让幼儿猜一下种在哪里的大蒜长得最好？

b. 观察记录，并进行对比。

教师首先引导幼儿如何观察大蒜，从大蒜抽芽的高度和大蒜的根部进行对比观察，观察这三盆大蒜有什么区别，最后再用铅笔记录在活动记录表上。

## 二、活动方案

【活动目的】

a. 让幼儿观察三种情况下大蒜的生长情况，通过对比让幼儿学会观察的方法。

b. 让幼儿体验观察发现带来的乐趣。

**【活动过程】**

a. 教师出示三盆不同环境下的大蒜，引入主题。

教师可以在幼儿观察的时候提出问题，让小朋友说一说，怎样才能使大蒜发芽？大蒜发出的蒜苗是什么颜色的？跟大蒜的样子有什么不同？

b. 教师通过问题的延伸，进一步引导幼儿。

教师再次提出问题，请小朋友们回答，大蒜除了种在土里，还能种在哪里？请小朋友们猜一猜种在哪里的大蒜长得最好？

c. 对比三盆大蒜的情况，观察记录。

教师引导幼儿通过对三盆大蒜的根茎，抽芽情况进行观察，将结果填写到活动记录表上。教师通过刚才小朋友们的回答，总结并告诉小朋友观察的方法。并掌握大蒜生长发育的规律。

d. 活动延伸。

教师可以引导幼儿讨论，如果施肥大蒜会不会长得更好？请有条件的小朋友可以在家进行种植，把试验场搬到生活中。

## 三、活动的总结和思考

**【本次活动的总结和延伸】**

培养幼儿的观察能力应该从培养兴趣入手，教师可以在平时就注意幼儿感兴趣的事物。通过幼儿感兴趣的事物入手，可以容

易地使幼儿喜欢观察。在幼儿观察大蒜的同时，也可以引导幼儿观察周围的小动物。观察世界，从平时的生活开始。

**【其他参考游戏】**

a. 观察小蝌蚪。

教师可以布置家庭作业，让家长帮助小朋友，抓一些蝌蚪让幼儿在家中观察，养成幼儿观察的习惯。也可以做一个观察成长表，每天由家长记录下来。让幼儿每天发现蝌蚪新的变化和情况。

b. 观察黄豆。

有条件的幼儿家庭也可以在家种植黄豆，用一个小花盆就可以养成幼儿善于观察的好习惯。

## 主题四

# 喜欢动手的小斑马——幼儿独立性的培养

独立性是指一个人独立分析和解决问题的能力，它是社会生存及进行创造性活动必备的心理品质。幼教专家指出，独立性教育的培养包括独立意识和独立能力，重点培养自理生活能力。独立性的培养必须从小抓起。美国心理学家曾经对 1500 名儿童进行长期追踪观察，30 年后发现 20% 的人没有取得什么成就。与其中成就最大的 20% 的人对比，发现最显著的差异并不在智力方面，而在于个性品质不同。成就卓越者都是有坚强毅力、独立性和勇往直前等个性品质的人。可见， 孩子的独立品格对成长和成材是何等重要。

幼儿的独立性是从生活独立开始，逐步过渡到独立学习，独立游戏以及人际交往过程。在幼儿独立性成长的过程中，家长和教师的引导至关重要。在培养幼儿自主性的问题上，教师主要在于唤醒幼儿的自主意识，培养幼儿积极参与活动和游戏的主动性，在家里做力所能及的事情，帮助幼儿从小就确立我的事情自己做的意识。

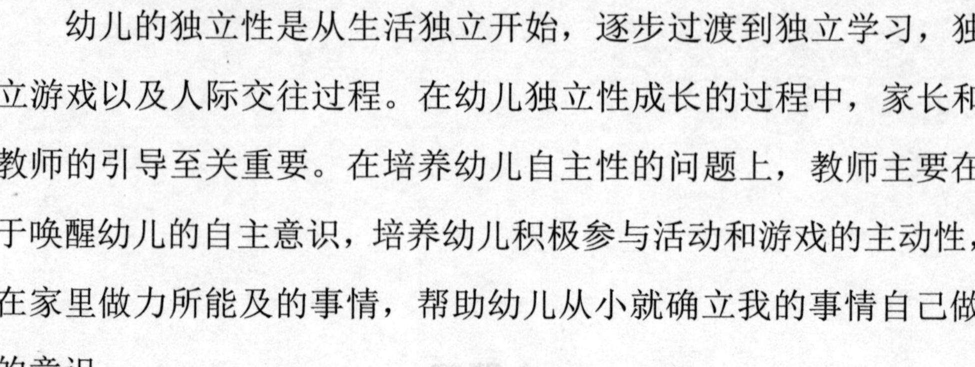

## 一、活动案例设计思路

**【活动设计意图】**

本节活动遵循《幼儿园教育指导纲要（试行）》中的要求:“既要高度重视和满足幼儿受保护、受照顾的需要，又要尊重他们不断增长的独立要求，避免过度保护和包办代替，鼓励并指导幼儿自理、自立的尝试。”教师在培养幼儿独立性的时候，可以采取循序渐进的方法，先鼓励幼儿在生活上自理，然后扩展为学习，游戏中独立，最后在社会交往过程中自立。

**【活动准备】**

a. 教材故事《喜欢动手的小斑马》。

b. PPT 组图“洗脸的顺序与握勺姿势”。

c. 碗、勺子、毛巾等生活用品。

【活动目的】

通过情景教学法，使幼儿通过小斑马的故事，了解小斑马为什么总喜欢自己动手做事情，并通过学习 PPT 组图“洗脸的顺序与握勺姿势”，教育幼儿用正确的方式洗脸、吃饭，增强自己生活上的自立性。

【活动过程】

a. 教师讲述故事《喜欢动手的小斑马》，通过提问引出本次活动的主题。

讲述故事时，可以中途停顿一下，提出问题：小斑马为什么喜欢自己动手做事情？怎样做才能不饿肚子？教师聆听幼儿的回答，总结并告诉幼儿，幼儿要学会自理生活的基本技能，要从自己身边的小事做起，要“自己的事情自己做”。

b. 教师播放 PPT 组图“洗脸的顺序与握勺姿势”，帮助幼儿学习正确洗脸、吃饭的方式。

教师可以根据 PPT 组图引导幼儿学会正确的洗脸、吃饭的方式。也可以通过实物操作的方法，将幼儿的认知转化为行为。使幼儿从平时的生活小事做起，逐步树立自己动手的独立性，使幼儿建立生活上的自理行为。

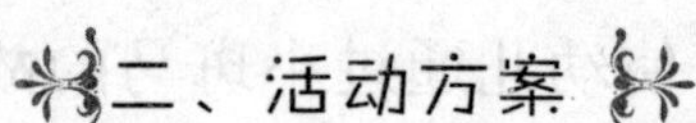

## 二、活动方案

【活动目的】

a. 让幼儿喜欢自己动手，愿意自己动手来解决问题。

b. 掌握幼儿正确的洗脸、吃饭的方法。

【活动过程】

a. 教师讲述故事《喜欢动手的小斑马》，引入本节活动的主题。

讲述故事时提出问题：小斑马遇到了什么困难？他又是怎么克服困难的？教师聆听小朋友们的回答，总结并告诉小朋友们，在生活中遇到困难，要向小斑马一样，乐于动手，善于动手，只有自己动手才能解决问题。

b. 练习洗脸、吃饭。

教师展示 PPT 组图“洗脸的顺序与握勺姿势”，通过一幅幅图片教导幼儿正确的洗脸、吃饭的方式。并教幼儿多练习几次，直到完全掌握为止，提醒幼儿握勺的姿势。

c. 实物练习。

教师让幼儿用碗、勺子、毛巾等生活用品，现场演示刚才学到的内容，幼儿可以反复多次练习，教师在旁边观看指导，指引幼儿使用正确的姿势。

d. 附件：

## 喜欢动手的小斑马

小斑马喜欢自己动手做事情，在家里不论做什么事都要自己来，吃饭、穿衣服都不喜欢妈妈帮他。

一天，小斑马的妈妈要出门办事，但是很担心小斑马，怕他一个人在家不放心。这时候，小斑马对妈妈说："妈妈，我自己可以做好事情，我喜欢自己动手。"小斑马的妈妈看到小斑马这么懂事，独立，高兴得摸了摸小斑马的头。到了晚上，小斑马看见妈妈还没有回来，就自己一个人在家里吃饭。他一个人在餐桌旁坐好，用勺子一勺一勺地吃饭，不着急也不慌乱，一会儿就吃得肚子饱饱的了。小斑马又准备洗洗脸，可是他的小毛巾找不到了，只有一块很大的毛巾。于是小斑马想了想，找来了儿童剪刀，把大毛巾剪成了两块小毛巾，洗好了脸在家等待妈妈回来。妈妈回到家，一看小斑马把自己照顾得很好，高兴极了，抱着小斑马亲了又亲。

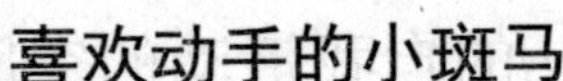

## 三、活动的总结和思考

**【本次活动的总结和延伸】**

幼儿的自立性培养从生活能力培养入手，教师可以让幼儿从

身边的小事做起，要求幼儿自己吃饭，穿脱衣服，自己收拾玩具。并且可以鼓励幼儿自己独立判断，思考，给幼儿提供独立活动的空间与机会。增加幼儿的自我活动的空间和时间，鼓励幼儿自己选择玩具、图书、同伴。引导幼儿独自面对遇到困难时的解决方法，增加幼儿的独立性。

**【其他拓展】**

a. “我当爸爸妈妈”，教师可以将幼儿分为两组，一组来做宝宝，一组做爸爸妈妈，由小“爸爸妈妈”来照顾“宝宝”，帮助宝宝洗脸、吃饭、穿衣等。再交换角色，由另一组小朋友来做爸爸妈妈。让小朋友都体会爸爸妈妈的辛苦，练习洗脸、吃饭的能力。

b. 图片制作。

由教师引导，小朋友参与，共同制作正确洗手、吃饭、穿衣服等方式的图画，由小朋友和教师共同贴在洗手池边、餐室内、起居室中。让小朋友可以在生活中的角落都可以看见图画，提醒小朋友，加深印象。

c. 儿歌：

**小小手**

我有一双小小手，一只左来一只右；

小小手呀小小手，一共十根手指头。

## 主题五

# 不上你的当——幼儿自我保护意识的培养

现代社会交往频繁，幼儿经常会遇到陌生人。因此应该培养幼儿的自我保护意识，让他们学会保护自己。自我保护意识包括自我防范意识，自我救护能力和自我调整能力，是一个人在社会生存发展过程中保护自己的最基本能力。自我保护意识是幼儿的可靠保障，有助于幼儿早日成长为独立的个体。

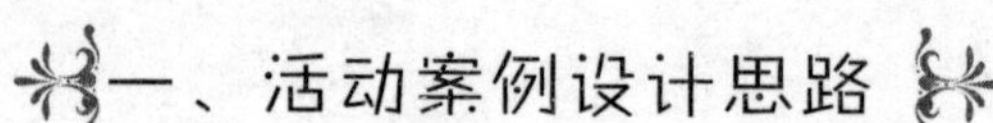

## 一、活动案例设计思路

**【活动设计意图】**

《幼儿园教育指导纲要（试行）》中指出："教师应该把保护幼儿的生命和促进幼儿的健康放在教育工作的首要位置。"教师要"密切结合幼儿的生活进行安全、保健方面的教育，以提高幼儿的自我保护能力"。要让幼儿"有初步的安全和健康知识，知道关心自己和保护自己"。教师在培养幼儿自我保护意识的时候，应反复强调，多次提醒，确保幼儿在学校学习、生活的安全。本节活动案例以观看图片教学的方式，让幼儿了解面对陌生人时，不能随便接受陌生人的财物，防止陌生人的拐骗，遇到这种情景应该如何应对，增强幼儿的自我保护意识。

**【活动准备】**

a. 图片故事《鑫鑫遇到了陌生人》。

b. 图片"哪些是安全的场所"。

**【活动目的】**

通过学习 PPT 组图"鑫鑫遇到了陌生人"，唤起幼儿的兴趣，教育幼儿面对陌生人时应该如何应对，为什么不能接受陌生人的财物，防止拐骗，增强幼儿的安全保护意识。

幼儿观看图片“哪些是安全的场所”，让幼儿知道在公共场所，遇到危险可以去哪些地方求助。（例如门卫室，治安亭，巡警车辆）

【活动过程】

a. 教师讲述图片故事《鑫鑫遇到了陌生人》，引出本次活动的主题。

教师用讲故事的形式开始，可以让幼儿更快地进入场景，让幼儿了解面对陌生人时应该怎样做。使幼儿了解拐骗的危险性，唤起幼儿对图片故事的紧张和认同。

b. 发起讨论。

教师可以发起讨论，让小朋友们说一说如果陌生人要抱走鑫鑫，鑫鑫该怎么办？引导幼儿从多个方面回答，帮鑫鑫想办法自救。

c. 进行游戏。

教师来扮演陌生人，用给好吃的食物等方法劝说小朋友，加深幼儿的印象，防止拐骗。

d. 观看图片“哪些是安全的场所”。

教师出示图片“哪些是安全的场所”，告诉幼儿遇到危险哪些地方可以求助，让幼儿在外出遇到危险时该如何求助。

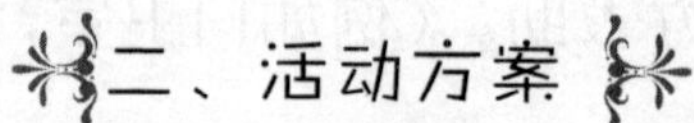

## 二、活动方案

**【活动目的】**

a. 建立幼儿的自我保护意识，拒绝接受陌生人的食物、玩具，不跟陌生人走。

b. 了解哪些地方可以求助。

**【活动过程】**

a. 教师讲述图片故事《鑫鑫遇到了陌生人》，引入本节活动的主题。

教师讲述图片故事，并提出问题，鑫鑫遇见了谁？陌生人是怎么骗鑫鑫的？鑫鑫是怎么做的，他上当了么？教师聆听小朋友们的回答，总结并告诉小朋友们，在外出时候遇到陌生人，不能接受陌生人的食物、玩具，要跟紧大人，不能跟陌生人走。

b. 发起讨论。

教师发起讨论，让小朋友们说一下，如果陌生人要强行抱走鑫鑫，鑫鑫有什么办法可以摆脱？让小朋友们积极发言，多想几种办法。如果我们自己遇到这种情况应该怎么做？

c. 如何求助。

教师出示图片“哪些是安全的场所”，告诉小朋友求助的方法，

哪些地方可以找到警察叔叔或者大人。增加小朋友们的安全知识，了解自救的相关方法。

d. 情景游戏。

教师可以用游戏的方法来教育幼儿，加深幼儿对本次活动的印象。教师可以扮演陌生人的角色，在不同的场景，分别用吃饼干、玩小汽车、给钱的方式引诱幼儿跟自己走。如果幼儿拒绝，就强行抱着走，让幼儿想办法进行自救。

e. 附件：

### 鑫鑫遇到了陌生人

鑫鑫的妈妈带着他去公园散步，中间妈妈要去上厕所，让鑫鑫在厕所门口等她一下。这时候来了一个陌生人，笑眯眯地跟鑫鑫说："小朋友，叔叔这里有一个很好吃的棒棒糖，你要不要吃啊？"鑫鑫说："妈妈说不能要别人的东西，我不要。"陌生人听后拿出一个小汽车说："小朋友，那我这里还有一个小汽车，想要这个小汽车玩么？"鑫鑫说："不要，我不要小汽车。"陌生人看鑫鑫不上当，又拿出几块钱，说："小朋友，那边有很好玩的蹦蹦床，叔叔带你一起去玩好吗？"鑫鑫说："谢谢叔叔，妈妈马上就出来了，我跟妈妈一起去玩。"陌生人一看骗不了鑫鑫，准备强行抱走鑫鑫，鑫鑫该怎么办？

## 三、活动的总结和思考

**【本次活动的总结和延伸】**

幼儿在平时的教学生活中，也会遇到一些危险，如在上下楼梯时，玩滑滑梯时等，教师在教育幼儿时，不应简单地拒绝和斥责，而应该告诉幼儿："这样做为什么危险？要如何避免这些危险？"要在生活的点滴中灌输给幼儿安全的意识，同时在有条件的情况下，也可以让幼儿多参加室外活动，锻炼身体，增加幼儿身体的敏捷性和协调性，避免幼儿的身体受到伤害。

**【其他拓展】**

a. 图片故事**《窗台和阳台的安全》**。

有很多小朋友把阳台当成了游乐场，在阳台上又蹦又跳，甚至爬上去。教师可以通过图片故事《窗台和阳台的安全》来告诉幼儿不能在窗台和阳台上打打闹闹，也不能把身体探出去，更不能在没装防护网的窗台边蹦跳，以免没站稳摔下去。

图片 1：一个小男孩打开窗户，站到窗台上，喊楼下的小伙伴来他家玩儿。

图片 2：一个大阳台，没有安装防护栏，一个小男孩在上面蹦蹦跳跳玩。

图片 3：小女孩趴到阳台边上，用手去够远处挂着的衣服。

老师让幼儿逐一讨论，画面上的小朋友做得是否正确，哪里做得不对，应该怎么做。可让幼儿结合自己的情况，还有电视、报纸上看到的情况思考、回答。

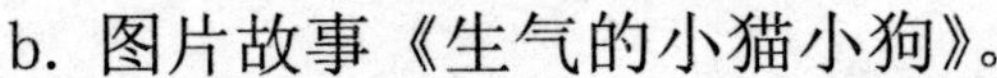

b. 图片故事《生气的小猫小狗》。

教师可以通过图片故事来告诉幼儿和宠物相处的时候要注意保持距离，千万不要一高兴就抱着小宠物玩，要提醒家长，不论是小猫还是小狗抓伤都要注射狂犬疫苗。增强幼儿和宠物玩要时的安全意识。

## 主题六

# 宝藏的秘密——幼儿记忆力的培养

幼儿的记忆是一个逐渐发展的过程，它也遵循幼儿心理发展的一般规律，从不随意向随意，从具体到抽象发展。幼儿经过学习，再根据平时的生活经验，逐步积累生成记忆体系。培养幼儿的记忆力，有利于幼儿形成独特的个性特征，对幼儿的身心健康有重要的意义。

## 一、活动案例设计思路

**【活动设计意图】**

《幼儿园教育指导纲要（试行）》中写道："可以采用多种方法,生动地培养幼儿的记忆能力。"幼儿的身体和大脑处在发育期,记忆过程缺乏目的性,语言词汇匮乏,记忆时间短。针对这一特点,本节活动案例以寻找宝藏的方式，增加课程的趣味性，让幼儿在寻找宝藏的时候培养记忆力。

**【活动准备】**

a. 图片故事《海盗的宝藏》。

b. 宝物图片:水晶球,黄金怀表,鹦鹉,魔法扫把,银币,宝剑。

**【活动目的】**

教师通过图片故事《海盗的宝藏》，唤起幼儿的兴趣，以各种不同宝物的特点，使幼儿产生联想记忆，例如：冰冷的水晶球，会说话的鹦鹉，可以飞行的魔法扫把。让幼儿更容易记住宝物的名称，增加记忆的时间。

**【活动过程】**

教师讲述图片故事《海盗的宝藏》。

教师用讲故事的形式开始，通过辛巴寻找宝藏的过程，让幼

儿记住各种海盗的宝物，从而增加幼儿的记忆能力。当海盗的宝物逐一出现的时候，暗示幼儿通过视觉、听觉、嗅觉等方面记住宝物的特征，产生联想记忆。可以让幼儿反复练习，分组互相说出宝物的特征，根据特征联想起宝物的名字。也可以由教师提出问题，让幼儿依次回答出宝物的名称，加深记忆。

## 二、活动方案

**【活动目的】**

a. 通过回忆海盗的宝物来激发幼儿的学习兴趣。

b. 使幼儿产生联想记忆，根据宝物特征记住宝物。

**【活动过程】**

a. 教师讲述图片故事《海盗的宝藏》，引入本节活动的主题。

教师讲述图片故事，并提出问题，水手辛巴来到了什么地方？他发现了什么呢？海盗都有哪些宝藏？教师在聆听小朋友回答之后可以补充回答，帮助幼儿记住每个宝物的名称，为活动的下一步做准备。

b. 出示宝物图片。

教师根据故事中宝物出现的先后顺序，依次出示宝物图片。提示每个宝物的特征，让小朋友通过宝物的特征说出宝物名称；

也可以通过宝物出现的先后顺序来记忆，增加小朋友的记忆时间。

c. 猜宝物。

教师说出宝物特征，由幼儿说出宝物名称。例如，教师说："会说话的是什么？"小朋友回答："鹦鹉。"通过游戏的方式，加深幼儿的记忆。

d. 做游戏。

教师可以让小朋友来扮演水手辛巴，在寻找到宝藏时设置一个宝藏的密码，说对密码的小朋友才可以进入宝藏，说错的，就不能进入。

## 三、活动的总结和思考

**【本次活动的总结和延伸】**

a. 增加幼儿的记忆力，主要在于使幼儿产生联想记忆，在活动中可以通过暗示等方式使幼儿产生联想。根据记忆力形成的规律，教师在幼儿学习过程中，应该让幼儿有适当的休息时间，避免出现疲劳，影响幼儿记忆结果。在幼儿回忆宝藏名称时，应尽量避免干扰，让幼儿自己说出，对记错的幼儿教师应耐心反复帮助其记忆。

**【其他拓展】**

a. 游戏"照葫芦画瓢"。

由教师给每个小朋友发放白纸、铅笔。教师出示图片，小朋友观察记忆后，教师收起图片，由小朋友在白纸上画出刚才看到的图片。也可以计时，看哪个小朋友最快画出来，奖励优胜者一个小红花。

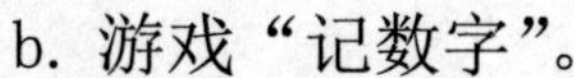

b. 游戏“记数字”。

教师提前准备好10组数字，由教师带领小朋友朗读。教师念一个，小朋友跟着念一个，看哪个小朋友读得最准确。

## 主题七

# 大家一起玩——幼儿交往能力的培养

交往，是由于共同活动的需要而在人们之间所产生的那种建立和发展相互接触的复杂和多方面的过程，是一种心灵的沟通。

幼儿期是人生社会化的起始阶段，因而丰富幼儿的社会经验，培养他们了解他人情感和需要的能力，解决社会中的某些实际问题（如同伴之间的纠纷）的能力，培养良好的社会行为习惯，发展幼儿交往能力是至关重要的。幼儿将来能否积极地适应各种环境，能否协调好与他人与集体的关系，能否勇敢地担负起社会责任，能否乐观地对待人生等，决定于幼儿期的生活积累和受教育的状况。幼儿阶段的社会性教育，从某种意义上讲，比传播知识、

训练技能更为重要。

幼儿每天都要与家长、老师、同伴们交流，在培养幼儿交往能力的时候需要教师和家长共同努力，帮助幼儿身心健康的成长。

## 一、活动案例设计思路

**【活动设计意图】**

《幼儿园教育指导纲要（试行）》指出 :“乐意与人交往，学习互助、合作和分享。”“养成对他人和社会亲近、合作的态度，学习初步的人际交往技能。”因此，让幼儿学会一些与人交往的基本技能，体验与他人交往的乐趣，是非常重要的。

幼儿由于缺乏人际交往的能力，常常是很想和同伴玩，可是却不知道怎样加入。有时候交往不当还会引发冲突，发生抓、推等粗暴行为。教师在培养幼儿人际交往能力时要帮助幼儿有礼貌、耐心地与他人交往。幼儿的直观形象性强，模仿性强，在培养幼儿交往能力时，可以依托一些道具，通过幼儿一起玩玩具的办法，在玩玩具的过程中，幼儿与同伴都可以促进交往能力的增强。同时运用木偶表演的方式，把交往时应该怎样说，怎样做教给幼儿，帮助幼儿建立与同伴正确交往的能力。

【活动准备】

a. 幼儿平时在家最常玩的玩具，由家长带来幼儿园。

b. 木偶小猫，小兔，小狗，小鸡。

【活动目的】

教师通过木偶表演的方式，直观的演示，让幼儿学会“如何与别的小朋友一起玩”，感受“大家一起玩更快乐”的道理，还可以增加幼儿乐于分享的性格。木偶表演可以增加幼儿的代入感，让幼儿更易于接受。在活动中间还可以发起讨论，提出问题：“平时小朋友想和别人一起玩的时候应该怎么说？我们遇到这种情况应该怎么办呢？”最后还可以让幼儿进行模仿练习，加深幼儿的记忆。

【活动过程】

a. 木偶表演。

教师用木偶表演的方式开始，在本次活动的开始就提供一个形象生动的情景。通过小猫和小鸭，小兔和小狗之间的对话，为幼儿直观地展示交往时的场景，逐渐深入活动。

b. 提出问题。

看完木偶表演，教师可以把其中关键的内涵用提问的方式提出来，引起幼儿的思考，让幼儿注意木偶剧中的小动物是怎么做的？小猫和小狗之间说了什么？最后小狗和小猫一起玩了么？教师总结幼儿的回答，并告诉幼儿：在与别人交往时应该怎样做，

想玩别人玩具的时候应该怎么说，别人想玩自己的玩具时候该怎么做。让幼儿在问答之中掌握与人交往时的基本方法。

c. 练习交往。

知道怎么做以后就要开始练习了。教师在上一个环节结束后，可以让幼儿拿出一件自己平时在家喜欢玩的玩具，和别的幼儿交换玩具，或者一起玩一件玩具。让幼儿用刚才学到的方法与同伴交流。教师可以观察每个幼儿的交流情况，鼓励独自玩耍的幼儿主动向同伴发出邀请，指导幼儿共同玩玩具，在幼儿发生矛盾时给予调节，帮助幼儿解决交流问题。

d. 重复环节。

请上一环节表现特别好的幼儿上台表演，起模范带头作用，加深其他幼儿的印象。

## 二、活动方案

【活动目的】

a. 使幼儿学会与人交往的方法。

b. 让幼儿体验分享的快乐。

【活动过程】

a. 木偶表演“大家一起玩”。

教师进行木偶表演：小猫得到了一个好看的绣球，小猫拿着绣球在草地上玩来玩去，可是玩了一会儿小猫觉得没意思了，这时候小猫看到旁边的小狗、小兔和小鸡正在玩跳绳，小猫也想加入他们，就走过去跟他们说：“你们好，我想和你们一起玩跳绳可以吗？”“可以啊，咱们一起玩吧。”小动物们都很欢迎小猫，小猫和大家一起开心地玩跳绳了。跳绳玩完后小狗看到了小猫手上的绣球，他问小猫：“小猫你好，你能把绣球借我们玩一会儿吗？”“可以啊。”小猫说。小狗说：“谢谢。”于是小猫，小狗，小兔和小鸡一起玩起了绣球，大家一起玩得可开心了。

b. 提出问题。

教师根据木偶故事提出问题：小猫为什么玩了一会儿就觉得没意思了呢？小猫想和别的小动物一起玩，他是怎么说的呢？小

动物想玩小猫的绣球，小猫是怎么回答的呢？教师聆听幼儿的回答，总结并告诉幼儿，在与他人交往时，要大胆表达自己的想法，用礼貌用语，尊重他人的选择，学会分享，与他人一起玩更开心。

c. 大家一起玩。

教师请几个交往能力较强的小朋友到讲台上来，在大家面前介绍自己带的玩具，并互相交换玩具。让其他小朋友也学着这几个小朋友的方法，与他人交换玩具。教师也可以将幼儿两两分组，让幼儿与同伴交换玩具。

d. 总结经验。

教师可以发出提问："是不是跟大家一起玩的时候感觉更有趣了？""今后我们玩玩具的时候别人要借我们的玩具时，我们要怎么做呢？"引导幼儿说出："跟大家一起玩玩具会更有趣。"让幼儿加深本节活动的内容，在今后的生活，交往中有正确的方法与他人交流。

## 三、活动的总结和思考

**【本次活动的总结和延伸】**

幼儿每天都会与同伴，教师及家人接触交往，所以在平时的生活，教育活动都是培养幼儿交往能力的好时机。要利用好平时的有利环境，多创造幼儿交往的条件，让幼儿在自由活动时，玩

玩具时候都使用正确的方法与他人交流，从平日的点点滴滴增加幼儿的社会交往能力。

【其他拓展】

a. 布置任务。

由教师给幼儿布置任务，例如去邻近的班级去借东西，去帮助某个小朋友等，为幼儿创造更多与他人交往的机会。

b. 儿歌：

### 朋友多

幼儿园里朋友多，
每人都是笑呵呵，
拍拍手来跳跳舞，
一起游戏又唱歌。

# 主题八

## 我们来做小侦探——幼儿推理能力的培养

推理是由一个或几个已知，借判断以推出另一个未知判断的思维形式。推理能力体现了思维的本质特点——概括性和间接性。它是思维的基本形式，是幼儿认知心理品质的内容之一。推理能力的提高也是一个人智力水平的提高。幼儿推理能力的发展离不开教师的引导，因此，教师在幼儿园的教育过程中，有意识地为幼儿提供适宜的环境材料，引导幼儿用自己熟悉的经验方法进行推理活动是很有必要的，也是提高儿童智力发育的一个好的途径。

## 一、活动案例设计思路

【活动设计意图】

《幼儿园教育指导纲要（试行）》在科学领域的要求是："对周围的事物、现象感兴趣，有好奇心和求知欲；运用各种感官，动手动脑，探求问题。"幼儿由于生活经验的缺乏，导致他们的推理不合常理，有时还会用幼儿自己的主观意念和生活经验来替代事物本来的客观逻辑。因此，本节活动以小侦探为题，旨在幼儿进行侦破、探索的过程中得到锻炼，提高幼儿的推理能力。同时，这种情景带入的方式也更容易被幼儿接受，通过情景的一步步深入，引导幼儿搜集线索，调查分析，印证结论，找到真相，了解正确的推理方法。

【活动准备】

a. PPT 组图"蛋宝宝在哪里"，组图中包含鸭窝里有两个鸭蛋，鸭窝旁有两片羽毛，几个羊脚印，一个老鼠的洞穴，老鼠洞穴中有一枚鸭蛋。

b. 常见动物的百科图书，幼儿记录用的铅笔。

【活动目的】

教师通过 PPT 组图的方式，一步步地展示场景，引出活动的

主题，激发幼儿的探查欲望："是谁偷走了鸭蛋宝宝呢？"然后帮助幼儿用已有的信息：羊的脚印，鸟的羽毛，老鼠的洞穴。引导幼儿列出偷蛋的动物可能是：山羊、小鸟、老鼠。再引导幼儿为自己的推测寻找证据，运用科学的方法，先查证百科全书，找到这三种动物的生活习性，食物类型，查出山羊和小鸟都不吃鸭蛋。于是通过推理得到结论：偷鸭蛋的就是老鼠。最后验证结果，到老鼠洞查看，并最终找到蛋宝宝。整个故事形成一个完整的推理过程，每一个图片都围绕主题，让幼儿逐步得到推理能力的提升，并体验到推理过程带来的快乐。

**【活动过程】**

a. 提出问题。

教师提出的问题一定要围绕活动的主题，吸引起幼儿的好奇心，调动幼儿探索的欲望。讲述图片故事时可以以鸭妈妈的宝宝丢了，她着急地来找小侦探帮忙，请小朋友找回蛋宝宝，以此引起幼儿的情感共鸣，让幼儿迫切地想找回鸭蛋，为接下来的推理活动提供感情动力。

b. 收集信息。

幼儿通过对鸭妈妈的家进行观察后，得到了羊的脚印、鸟的羽毛、老鼠的洞穴等线索，幼儿将这些线索记录下来，根据线索合理推断，得到了几个嫌疑目标——山羊，小鸟，老鼠。为下一步的求证过程做好了准备。

c. 查询资料。

在对嫌疑目标进行排除，推测谁是小偷，谁不是小偷。这时候就需要查询资料，根据嫌疑目标的生活习性、食物类型来进行推断了。本次活动提供的是资料求证的方法，让幼儿通过科学的知识找出最后的嫌犯，找到鸭蛋宝宝。

d. 推理线索，先找到鸭蛋宝宝。

幼儿查询到几种动物的生活习性、食物类型后就可以进行推理，经过正确的推理过程，找到真正偷鸭蛋的小偷。并通过到老鼠洞找到鸭蛋宝宝，验证幼儿推理的正确性，结束整个活动。

## 二、活动方案

1.【活动目的】

a. 让幼儿根据图片收集线索，并且根据已有线索进行分析、推理。

b. 通过合理的推理找到鸭蛋宝宝，体验整个活动带来的乐趣。

【活动过程】

a. 鸭妈妈报案。

教师逐次出示 PPT 组图“蛋宝宝在哪里”，根据图片内容讲述案情，用鸭妈妈的口吻请求小朋友的帮助：“我的窝里面本来有三枚蛋，早上我出去找吃的回来，就发现少了一枚，请小侦探

快来帮帮我，帮我找回鸭蛋宝宝吧。”让幼儿产生情景带入感，产生急迫找回鸭蛋宝宝的动力。

b. 探查现场。

教师出示图片：“鸭妈妈的窝，羊的脚印，鸟的羽毛，老鼠的洞穴”，提出问题，这是谁的脚印？羽毛是谁留下的？洞穴里又住着谁？帮助幼儿通过日常的经验或者书籍上的资料列出可能偷走鸭蛋宝宝的嫌疑目标。让小朋友记录下来，为下一步找到鸭蛋宝宝做好铺垫。

c. 询问，查找资料分析求证。

教师提出问题：“到底是谁偷走了鸭蛋宝宝呢？”启发小朋友通过查找嫌疑目标的生活习性、食物类型来寻找真正的小偷。查找资料后，教师再诱导小朋友进行推理分析，让小朋友排除山羊和小鸟。最后出示老鼠洞穴的图片，找到真正的小偷，找回鸭蛋宝宝。让小朋友体验推理带来的快乐。

## 三、活动的总结和思考

**【本次活动的总结和延伸】**

a. 对于幼儿来说，推理离不开具体的食物，不能完全在思维层面推理。所以在进行本次活动时，教师应根据幼儿平时的生活经验为基础，以具体的事物和书上查证的资料来帮助幼儿进行正

确的推断。并调动起幼儿的积极性，让幼儿能体验推理带来的乐趣。

b. 培养幼儿的推理能力，还要从幼儿平时积累的生活经验做起。让幼儿多接触动植物的生活习性，了解简单的科学常识，或者看一些侦探类的动画片等，都可以帮助幼儿增强推理的能力。

**【其他拓展】**

a. 排豆子。

教师先准备好一碗黄豆或者是绿豆，然后先有规律地排出几列豆子，可以先在第一列排上一颗豆子，第二列则排上两颗，第三列排上三颗，之后就让孩子仔细地观察，发现豆子的排列规律，然后再推断出之后应该再怎样往下排列豆子。

b. 摆卡片。

卡片要准备两种，一种圆形，一种方形，同样先由教师做出示范，先摆一张圆形的卡片，之后在圆形的卡片后放上一张方形卡片，再在后面放上圆形卡片，排放之后，让幼儿观察，找出排列卡片的规律，再让孩子推断接下来卡片应该如何摆放。

## 主题九

## 找雨伞——幼儿分类能力的培养

分类主要是指，把相同或者具有某一方面共同特征或属性的东西归并在一起。分类能力能帮助幼儿感知集合。分类活动中幼儿要把物体一个个加以区分，再一个个归并在一起，这样，区分和归并的过程促进了幼儿对集合中元素的感知，因此可以说学前儿童分类的过程就是感知集合的过程。分类能力也是幼儿计数的前提。要确定物体的数目，必须先学会对物体进行分类。

## 一、活动案例设计思路

**【活动设计意图】**

《幼儿园教育指导纲要（试行）》指出：“要引导幼儿理解生活中简单的数学关系，能用简单的分类、比较、推理等方法探索事物。”大部分幼儿在日常生活中比较习惯按照感知特点或者情景特点分类，要他们按照物体功能或者物体特性进行分类有一定的难度。为了强化幼儿已有的经验，也为了引导幼儿逐步过渡到按物体用途进行分类，本次活动以找雨伞为切入点，为幼儿创造虚拟的情境，引导幼儿尝试运用分类的方法来解决生活中遇到的矛盾。围绕着摆放物品，清理杂物的过程，鼓励幼儿将物品一一区分，并尝试进行分类，达到加强幼儿分类能力的目的。

**【活动准备】**

a. 贴好标签的中号整理箱 4 个。

b. 雨伞、衣服、裤子、鞋子、袜子、球、玩具、积木、筷子、碗、锅铲、漏勺、碟子等实物若干。

c. 物品分类图。

**【活动目的】**

教师通过情景教学的方式，首先在活动前，将物品杂乱摆放，

让幼儿在其中行走以感受杂乱摆放对生活带来的不便，引发幼儿整理、分类的欲望。在教师和幼儿一同整理的过程中，让幼儿按照物品的使用功能放置，帮助幼儿通过物品的功能和特性进行分类。通过实际的操作获得物品的感性经验，进而寻找到物品的共性，提高幼儿的分类能力。

**【活动过程】**

a. 情景表演——找雨伞。

本环节通过设置日常生活中的事情，贴近幼儿的生活，激起幼儿对本节活动的积极性。

b. 引导幼儿。

教师通过摆放杂乱的物品，引导幼儿自主地将物品进行归类，并让幼儿感受物品杂乱摆放带来的不便与烦恼。

c. 利用物品分类图对物品分类。

幼儿按照物品分类图对物品进行分类，了解各种物品的使用功能和类别。

d. 分类整理实物。

教师带领幼儿，根据刚才学到的知识对物品进行摆放，增加幼儿分类物品的经验，体验分类后带来的便利，并找到成功的乐趣。活动结束后，教师可以发起讨论，让幼儿互相交流，表述自己的分类理由，加深本节活动的印象。

## 二、活动方案

**【活动目的】**

a. 让幼儿按照物品的特性进行分类。

b. 能与同伴合作完成操作任务，积极参与活动。

**【活动过程】**

a. 情景表演——找雨伞。

刘阿姨在杂乱的房间里来回寻找，东找找西看看，把东西弄得满地都是。一边走还一边抱怨："哎呀，雨伞怎么找不到了，这可怎么出门啊？"

教师："下雨了，刘阿姨要急着出门买菜，可是雨伞却找不到了，小朋友们有什么办法帮刘阿姨找到雨伞么？"

教师："让我们帮刘阿姨分类整理这些东西吧。"

b. 幼儿自主分类。

教师将幼儿带到物品杂乱放置的场地，引导幼儿观察凌乱摆放的物品，让幼儿感受杂乱摆放带来的不便。让幼儿自主收拾物品，并尝试将物品进行归类。

c. 分组对各种物品进行分类。

教师出示物品分类图，告诉幼儿场景内物品的名称、用途、

功能和共性。引导幼儿按照物品的性能进行归类摆放。也可以将幼儿分成四组，每组负责收拾一个功能的物品。操作结束后，让各组互相检查，看看哪组物品摆放得最正确。让幼儿讨论，为什么这样摆放最好？

d. 总结活动经验，分享整理体验。

教师请幼儿回顾没有整理房间的样子，和现在整理好后的房间形成对比。引导幼儿说出分类整理的好处，让幼儿说出整理过的物品名称、用途，摆放后的位置。让幼儿形成按物品功能摆放的习惯。在活动结束后也可以重复整个活动，加深幼儿的印象。

e. 做游戏。

教师说出物品名称，幼儿快速寻找到该物品，并上台交给老师。通过游戏让幼儿体会分类摆放带来的便利。

## 三、活动的总结和思考

**【本次活动的总结和延伸】**

a. 幼儿每天都会面对如何分类物品的问题，因此，教师在教学中应尽量贴近生活，创造幼儿平时处在的环境，让幼儿能“身临其境”地感受分类带来的便利和好处。让幼儿在平时生活中也乐于分类，体验分类带来的好处，增加幼儿分类摆放物品的积极性。

b. 幼儿在刚开始学习分类的时候，教师可以通过循序渐进的方法，先让幼儿进行简单的练习，再增加难度，为幼儿提供克服困难的机会。鼓励幼儿在不同的环境下思考，解决问题。

c. 在幼儿分类摆放物品的过程中，与其他同伴的互相配合也非常重要，教师可以鼓励幼儿通过和同伴商量，共同协作的方式完成任务，增强幼儿的集体协作能力。

**【其他拓展】**

a. 树叶有形。

游戏方法：理一堆形状各异的树叶，让宝宝按照不同的形状分别归类，比如：椭圆形的放在一起，长条形的放在一起，心形的放在一起。同时还可教宝宝认识树叶的名字：细细长长的是柳叶，扇形的是银杏叶，椭圆的是榆树的叶子……

游戏提示：家长可以先从每种形状的树叶中挑出一片，放在不同的位置，或者按照树叶的形状描好轮廓，让宝宝按父母的提示再依次分类整理。

# 主题十

## 遵守规则——幼儿规则意识的培养

规规则意识，是指发自内心的、以规则作为自己行动准则的意识。幼儿的规则意识既指的是幼儿对规则的认识与理解，并在此基础上逐渐形成遵守规则的愿望和习惯。规则意识及执行能力是社会性适应的重要内容，它不仅影响到幼儿进入小学的适应性，也将影响一个人终身适应社会的程度。所以培养幼儿形成良好的规则意识，帮助幼儿建立遵守规则的习惯，是十分必要的。

## 一、活动案例设计思路

**【活动设计意图】**

《幼儿园教育指导纲要（试行）》中关于社会领域的要求是:“在共同的生活和活动中，帮助幼儿理解行为准则的必要性，学习遵守规则。”幼儿在执行规则时欠缺自觉性，往往需要成人的监督，在没有人看管的情况下又容易不守规则。幼儿对于规则的表现，更多的是对规则的依从，表面上接受规则，按照规则的要求行动，但往往并不理解为什么要这么做，对规则的必要性或者根据缺乏认识。因此，本节活动通过游戏，创设情境等方法帮助幼儿认识规则的重要性，让幼儿形成遵守规则的习惯。

**【活动准备】**

a. 皮筋 10 条，将幼儿分成 4 人一组，每组发放 1 条皮筋。

b. 收集幼儿园中幼儿遵守与不遵守规则的视频片段，供幼儿判断其中的规则是什么。

**【活动目的】**

教师通过情景教学的方式，首先通过分发橡皮筋，让幼儿在活动中感受有规则与没有规则的活动效果，从而激发幼儿要遵守规则的潜意识。再通过观看视频片段，让幼儿熟悉生活中都有哪

些地方需要遵守规则，知道不遵守规则带来的不便。最后通过讨论，让幼儿自行讨论生活中都有哪些需要遵守的规则，遵守规则带来的好处。让幼儿体会遵守规则带来的便利和成就感，最后将这些经验延伸到幼儿平时的教学、生活中，加深幼儿的印象。

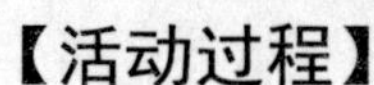

**【活动过程】**

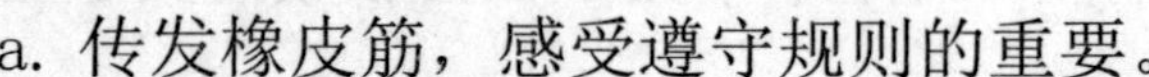

a. 传发橡皮筋，感受遵守规则的重要。

通过情景问题：请幼儿在 1 分钟内玩耍橡皮筋，让幼儿自由争抢，让幼儿体会制定规则的重要性。

b. 制定规则。

教师可以鼓励各组幼儿根据刚才的活动经验，协商玩橡皮筋的规则，自己制定规则。

c. 观看视频片段。

让幼儿知道规则是什么，在幼儿园的教学生活中应该遵守哪些规则，不遵守规则行动会带来什么后果。

d. 活动延伸。

教师发动幼儿进行讨论，在平时的生活中还有哪些规则？如果违反这些规则又会怎样？让幼儿自由讨论，教师鼓励发言并对幼儿的发言总结，结束本次活动。

## 二、活动方案

【活动目的】

a. 让幼儿了解规则，知道遵守规则的重要性。

b. 初步尝试自己制定规则，体验遵守规则带来的好处。

【活动过程】

a. 情景体验——玩橡皮筋。

教师："同学们，今天老师这里有 10 条橡皮筋，我一会儿给每个组发放 1 条，请小朋友们在 1 分钟内自由玩耍，玩完之后要交还给老师。"

教师将幼儿分成 10 组，每组只有 1 条橡皮筋，让幼儿可以自己争抢。老师观察每个组的情况，不做干预。1 分钟后，每组请 1 名代表把橡皮筋交还教师。

教师发起讨论，让幼儿说一说刚才玩橡皮筋的感受，哪些小朋友玩到了橡皮筋？哪些小朋友没有玩到？为什么？让幼儿感受没有规则带来的不便，为下一步活动做出铺垫。

b. 幼儿自己制定规则。

教师："同学们，刚才的活动，有的小朋友玩到了橡皮筋，有的小朋友却没有。这是因为橡皮筋数量少，要想让每个小朋友

都玩上橡皮筋，我们必须制定一个规则。”

教师请幼儿分组制定规则，让幼儿通过新的规则传递橡皮筋，使幼儿感受到遵守规则带来的便利。

c. 观看视频片段。

教师："通过制定规则，每个小朋友都遵守规则，规则给我们带来了便利。下面我们再来看看生活中还有哪些规则？不遵守规则又会给我们带来什么呢？"教师播放视频片段，解读片段中都出现了哪些规则，不遵守这些规则会给我们带来哪些不便，还有哪些规则需要我们注意。利用视频片段的内容告诉小朋友，生活中到处都有规则，规则会给我们带来便利，我们应该遵守规则。

d. 发起讨论。

教师发起讨论，请小朋友们想一想生活中还有哪些规则？在遇到这些规则又是怎么做的？帮助小朋友们发现更多的规则，加深对本次活动的印象。

## 三、活动的总结和思考

**【本次活动的总结和延伸】**

a. 幼儿喜欢学习和模仿他人的行为动作，因此教师可以挑选活动中表现好的幼儿作为榜样，让幼儿上台讲述他们是怎么遵守规则的。也可以通过现场表演的方式进行。通过榜样示范，影响其他幼儿的行为方式，带动其他幼儿都来遵守规则，增加幼儿遵守规则的意识。

b. 让幼儿自行制定规则。当幼儿自己成为规则的主人时，他们会保护自己制定的规则，遵守规则，这样比教师一遍遍地教育要强很多。在进行活动中，教师可以充分调动起幼儿的积极性，让幼儿都参与到制定规则中来，让大家都受到规则归来的便利，进而遵守规则。

c. 教师可以将需要遵守的规则制定图标，挂在需要注意的场所，让幼儿可以看到，想起规则，把规则引入平时的生活中来。

**【其他拓展】**

a. 认识标志。

生活中很多的规则都是由标示来提醒，告知大家的，所以认识一些标志也是增加规则意识的好方法。教师可以请幼儿观察，讨论周围环境中遇到过的各种标志，临摹下来进行分享，也可以

自制标志来增加活动的乐趣。

b. 儿歌：

**红灯停，绿灯行**

十字路口红绿灯，红黄绿灯分得清。
红灯停，绿灯行，黄绿灯亮快快行。
大马路上真热闹，汽车就像在赛跑。
警察叔叔站得高，对着汽车把手招。
红灯亮了停一停，绿灯亮了就放行。
交通规则记得牢，人人乐得笑口开。

## 主题十一

## 男孩女孩——幼儿性别角色意识的培养

性别角色是社会学中规矩性别而规定的一种行为及思维模式，随着社会的发展，性别角色的行为模式随社会文化和雌雄两性社会分工的变化而演变。幼儿的性别角色意识，主要指幼儿对“怎样才算是男孩或者女孩”的理解，以及自己在本性别行为模式的倾向。性别角色意识是幼儿的社会适应和自我意识的主要表现之一。

幼儿几乎是一出生就开始了其性别角色的社会化历程，就会被贴上男孩、女孩的标签。只有正确地认识自己与别人的性别，表现出符合自身性别的行为，才能认识和理解不同性别的行为模

式，性别角色意识关系到孩子日后的社会交往、恋爱、家庭生活等各方面，只有正确认识自己的性别行为，社会化意识才能得以很好地形成，儿童的性心理才能健康地发展。

## 一、活动案例设计思路

**【活动设计意图】**

《幼儿园教育指导纲要（试行）》社会领域对幼儿性别角色教育的要求是："帮助幼儿正确认识自己和他人。"使幼儿理解社会中对男性、女性的不同角色期待和要求，从性别的角度来认识自己与他人，并让自己的行为符合该性别的行为模式。

在幼儿园的日常生活中，幼儿自己已经表现了一些性别差异和性别偏好。他们大多数能准确说出自己的性别，开始有了一些关于性别角色的认识，能区别他人是男性还是女性，知道男女在外貌，行动上的明显不同。但是他们往往只能根据外部特征来判断性别，当这些外部特征改变时，幼儿往往会作出错误的判断。

幼儿在认识自身的性别角色时，首先是认同自己身为男孩、女孩的身份，然后才会按照社会认可的方式，做出符合自己性别的行为模式，逐步成为具有社会认可的行为方式的男人或者女人。因此，教师培养幼儿的性别角色意识，主要是让幼儿从外部特征到行为习惯，逐步引导他们认同自己的性别身份，以及符合自己性别的行为模式，并在日常的生活中教他们学习该性别的行为礼仪。

【活动准备】

a. 男孩、女孩人偶各 1 个，让幼儿通过观察男女人偶的不同，发现男孩、女孩的不同，帮助幼儿确立正确的性别概念。

b. 男女幼儿的衣物，男女幼儿喜欢的玩具。选择玩具和衣物时，要选择具有代表其性别特点的。例如男孩可以选择背心、短裤、玩具枪等，女孩可以选择裙子、红色的衣物、可爱的洋娃娃、玩具熊等。还要选择一些男孩、女孩共同喜欢的物品，如运动服、皮球等。

【活动目的】

教师通过情景教学的方式，首先出示男孩、女孩人偶，让幼儿自己观察，借助自己已有的经验和方法认识性别角色的不同，让幼儿先建立性别角色的意识。再出示两个穿同样运动服，同样帽子的人偶，让幼儿自己判断，引起幼儿的困惑，然后将人偶的衣服脱掉，让幼儿认识男孩女孩的身体差异，让幼儿认识身体差异来作出正确的性别判断。最后教师请幼儿为两个人偶穿上适合他们性别角色的衣物，并给人偶配上他们喜欢的玩具。让幼儿从中发现男孩、女孩服饰的差异，喜欢的玩具的差异，从而使他们建立正确的性别角色，强化本节活动的主旨。

【活动过程】

a. 从外部特征和身体特征分辨男孩女孩。

教师出示男孩、女孩人偶，请幼儿通过两个人偶的外部特征来判断人偶的性别，先引发幼儿的兴趣。再为两个人偶穿上相同的运动服和帽子，让幼儿判断两个人偶的性别，引起幼儿的困惑。教师脱掉人偶的衣物，让幼儿认识男孩、女孩身体特征的不同，通过身体特征判断人偶性别。最后教师请幼儿为不同性别的人偶穿上他们喜欢的衣服，摆放他们喜欢的玩具，并请幼儿说出这样做的理由。

b. 让幼儿判断自己的性别。

教师可以让幼儿说出自己的性别和班里其他小朋友的性别，并说出理由，加深幼儿的印象。

c. 表演节目，丰富性别角色意识的知识。

教师请男孩、女孩分别表演节目，让幼儿增加判断男女性别角色的经验。

## 二、活动方案

【活动目的】

a. 让幼儿了解男孩、女孩在外观，喜欢的玩具上的不同，让幼儿能区分男孩女孩。

b. 让幼儿知道自己的性别，喜欢自己的性别。

【活动过程】

a. 认识、分辨性别。

教师出示人偶，提出问题："小朋友，现在老师手里有两个娃娃，请你告诉老师，这两个娃娃谁是男孩？谁是女孩？为什么？"

教师出示两个穿着同样运动服和帽子的人偶，再次提出问题："现在小朋友再看看，哪个是男孩？哪个是女孩？"

教师脱掉人偶的衣物，让幼儿从人偶不同的身体特征来作出判断，并正确分辨出男女人偶。

出示男孩和女孩的衣物和玩具，让幼儿为人偶选择适合的衣物和玩具，并请幼儿说出原因。

教师聆听幼儿关于本节活动的回答，总结并告诉幼儿男孩与女孩在外观表现和身体特征的不同，帮助幼儿树立正确的性别角色意识。

b. 说出自己和同伴的性别。

教师请幼儿说出自己的性别，再说出自己旁边小朋友的性别，或者自己好朋友的性别。最后让全班小朋友自行按照性别，分成两个组。加深小朋友的印象。

c. 表演节目。

教师让幼儿讨论男孩、女孩还有什么区别，分组表演节目，

并通过表演节目表现出男女不同的行为，让幼儿喜欢自己的性别。

## 三、活动的总结和思考

**【本次活动的总结和延伸】**

a. 建立正确的性别角色定位。

教师应该通过本次活动引导幼儿认识自己的性别，喜欢与认同自己的性别，鼓励幼儿形成与自己性别相适应的行为模式。为幼儿从小就建立起关于自身性别行为的刻画图示，培养幼儿的独立性、自主性和创造性，并使幼儿建立细致、耐心的观察理解事物的本领。

b. 打破幼儿活动界限，鼓励幼儿的兴趣选择。

教师可以让幼儿自由挑选玩具，自主选择伙伴参与到各种游戏活动中。可以鼓励幼儿多参加到异性的伙伴游戏当中，可以通过游戏的方法让幼儿不受限制地体验各种活动。此外，教师尽可能在活动中对男女幼儿一致对待，如教师对游戏的组织，玩具的分配等。对幼儿在活动中表现出来的所有积极的心理品质给予及时的表扬，强化。尤其要鼓励女孩的大胆勇敢、男孩的细心坚韧等好品质，以矫正传统文化中女孩文静克制、男孩粗野好动的定式影响。

c. 对幼儿读物中的角色人物作出解释。

现在许多幼儿读物和动画片中都表现有性别偏见，不断传播传统的社会性别角色定位。例如男性往往会表现得大胆勇敢、喜爱冒险、善于竞争等，女性往往表现出温柔善良、细心敏感等。对此，教师在解读这些幼儿读物或者动画片时，不应片面地对号入座，应该让幼儿学习读物角色全部的性格优点，不宜过早地使幼儿产生性别角色的定型，要倡导男女平等的思想，打破性别偏见和歧视。

**【其他拓展】**

a. 庆祝男生节、女生节。

组织幼儿围绕自己的性别特点开展庆祝活动，展现男生女生的优点，丰富幼儿的性别角色特点，增进幼儿的性别角色认同感和自豪感。

b. 角色游戏：过家家。

幼儿扮演爸爸妈妈，体验男女成人的不同行为模式。

c. 儿歌：

**男孩女孩**

我是女孩子，梳着小辫子，穿着小裙子。

我是男孩子，戴着小帽子，穿着短裤子。

# 结 语

心理健康和身体健康是相辅相成的，心理健康是身体健康的精神支柱，而身体健康则是心理健康的物质基础。幼儿心理健康可以拥有良好的人际关系，有安全感，有积极乐观的心态，对于周围世界有积极探索的心态和求知的愿望，对幼儿的健康成长尤为重要。

作为教学主体的幼儿教师，教学的前提是其自身的健康，一个精神不健全、心理病态的教师是不可能教育出具有健全人格的学生的。因此，幼儿教师自身的心理健康，是培养幼儿健康心理的重要前提和保证。因此，无论是教师本人还是幼儿园管理者，都应该充分了解影响幼儿教师心理健康的因素及其作用机制，有效地维护幼儿教师的心理健康。

本书分别针对幼儿与教师的心理健康剖析心理问题的成因，给出行之有效的指导方案，帮助幼儿教师解决幼儿心理问题、疏导自身消极心理状况，从而保证幼教工作良性、有序地进行。